ZHONGSHOUYI
FANGZHI JIBING

中兽医防治鸡病

杨玉梅 张国增 ◎ 著

中国农业出版社
农村读物出版社
北 京

图书在版编目（CIP）数据

中兽医防治鸡病 / 杨玉梅，张国增著 . —北京 ：
中国农业出版社，2023.1
ISBN 978-7-109-30354-6

Ⅰ.①中…　Ⅱ.①杨… ②张…　Ⅲ.①鸡病－中兽医
学－防治　Ⅳ.①S858.31

中国国家版本馆 CIP 数据核字（2023）第 007615 号

中国农业出版社出版

地址：北京市朝阳区麦子店街 18 号楼
邮编：100125
责任编辑：刘　伟
版式设计：杨　婧　责任校对：吴丽婷
印刷：北京通州皇家印刷厂
版次：2023 年 1 月第 1 版
印次：2023 年 1 月北京第 1 次印刷
发行：新华书店北京发行所
开本：880mm×1230mm　1/32
印张：6
字数：170 千字
定价：46.00 元

前言
QIANYAN

中华民族的先哲在《黄帝内经》中首先提出了"治未病"。先祖们能为我们遗留上千种家禽、家畜品种，就是按治未病的防病方法才保存下来了多种畜禽品种，也为人们提供了丰富的动物源营养产品。

改革开放以后，我国在引进畜禽品种的同时，也向西方学习了使用抗生素治疗畜禽疾病的方法，但目前人们越来越认识到抗生素残留带来的负面影响。2021年，农业农村部发布了《全国兽用抗菌药使用减量化行动方案（2021—2025年）》，指导兽用抗菌药的规范使用，相信抗生素的使用必将大为减少。为了古为今用，返璞归真，我们在本书中对鸡病进行了中兽医防治方面的探讨，并为生产及供给消费者安全、健康、营养的有机食品提供了借鉴。

我们已秉承药食同源的理念尝试对鸡群进行多年未病先治（注重鸡的保健），采用中草药防治方案替代生长鸡的疫苗免疫策略，并根据中兽医理论、鸡病（传染病和普通病）多发季节和发病规律、鸡各生长阶段生理需要，进行中草药防病和治病。

我们在某鸡场试验开展中草药防病治病9年，在这期间该场没有发生重大疫情。为此，我们编著了《中兽医防治鸡病》，供相关研究人员和专业人士参考。

中兽医学涉及领域广、学科多且专业技术需要在生产实践中不断探索和完善，因作者知识水平和研究程度的限制，书中难免有疏漏和不足之处，恳请广大读者朋友批评指正。在此，对读者表示感谢！

编　者

2022 年 8 月

目录

MULU

第一章　鸡的解剖生理特点

　　西兽医解剖生理是以可视性组织系统来分辨生理功能，如消化系统由口腔至泄殖腔；而中兽医则含义更深，它是在多年经验中总结出各脏腑相系的生理功能，如肺系大肠、心系小肠等整体关联，事实存在，但不好理解。中兽医这套理论必须在鸡病防治过程中才能深刻理解，尤其是经过多次临床实践才能豁然开朗。

　　养鸡目的是为了效益，要想效益好，养鸡人必须掌握鸡的生理特点，不然则劳而无功，或劳而所获甚微。什么是鸡的生理，如鸡的消化生理，鸡及其他禽都吃砂粒，砂粒在肌胃中起机械磨碎饲料的作用，便于饲料在小肠中吸收，然后营养物质通过血脉散布全身各组织器官以维持新陈代谢，使生命在天地间生存。

第一节　脏腑学说概论

　　脏腑学说是研究五脏、六腑、奇恒之腑各自生命生理，以及它们之间的依存关系，共同（统一）完成生命运动，保障物种生存、适应、繁衍的学说。

　　五脏，指心、肝、脾、肺、肾。五脏是化生、贮藏精气的组织器官，具藏于精气而不予泄漏的特性。《黄帝内经·素问·五脏别论》指出："所谓五脏者，藏精而不泻也，故满而不能实"。五脏中尤其是禽肺与人和哺乳动物区别甚大，不但是位置，更重要的是生理功能区别大，因为禽具有双重呼吸。

　　六腑，指胆、胃、大肠、小肠、膀胱、三焦。六腑是受盛和传化水谷的组织器官。正如《黄帝内经·素问·五脏别论》所言："六腑者，传化而不藏，故实而不能满也"。对六腑的生理功能，《司牧安骥集·王良先师天地五脏论》对各腑分别指出："马有六腑，胆为清净之腑，大肠为传送之腑，胃为草谷之腑，小肠为受盛之腑，三焦为中之腑"。对于禽来讲，六腑和人及马、牛、猪区别甚大，禽有嗉囊、腺胃、肌胃（砂囊），完成哺乳动物单胃或 4 个胃的生理功能；禽（除鸵鸟之外）都不具备膀胱。

奇恒之腑，指脑、髓、骨、脉、胆、胞宫。其中胆已列入腑，为何又列入奇恒之腑？因它唯藏清净之液（胆汁），故一腑具有两重性。对奇恒之腑特性，《黄帝内经·素问·五脏别论》指出："……此六者，地气之所生也，皆藏于阴象于地，故藏而不泻，名曰奇恒之腑"。

中兽医与中医一样，历来将脏腑的生理功能和病理变化作为重点研究的对象。研究脏腑并非只谈五脏、六腑和奇恒之腑，而是将这些脏腑与形体、诸窍，以及脏腑与各种生态环境对脏腑的影响和脏腑之间互相依存的关系，作为一个统一的整体来分析，从而判断生理功能正常与否，引起病变因素的根源，最终提出有的放矢的治疗方案。

脏腑之间永远是唇齿相依，互动互应的。脏腑之间存在阴阳关系。脏腑都有五行属性，心、小肠属火，肝、胆属木，脾、胃属土，肺、大肠属金，肾与膀胱属水。查阅文献，未见对奇恒六腑五行属性的描述，值得探讨。笔者认为，除胆属木外，脑属火，胞宫属土，髓骨属金，脉属水，胰属木。这样将奇恒之腑与五行归属后，更便于客观分析脏、腑、奇恒之腑之间的关系。

脏腑与禽体外应的五官九窍、肢（翅）五体等都有密切联系，它们之间有相生、相克、相乘、相侮且互相制约，这说明脏、腑、体和窍之间存在表里相和的关系，这就是中兽医由外知内的变化的依据。

脏腑学说也称藏象学说。"藏象"二字始见于《黄帝内经·素问·六节藏象论》"帝曰：藏象如何？"，而后岐伯述说五脏生理功能。关于藏象的含义，明《类经·卷三》注说："'象'形象也。藏居于内，形见于外，故曰藏象"。由《内经》列张介宾上文所讲，藏象是指藏于体内的内脏，其表现于外官窍现象，统称为藏象。

中医排列五脏以心、肺、脾、肝、肾为序。中兽医排列是依《元亨疗马集》"心是脏中之君"，将心排为之首。

第二节　五　　脏

五脏（心、肺、脾、肝、肾）的生理功能是化生和贮藏气、血、精、津液、髓，都具有藏而不泻的特点。由于奇恒之腑也是"藏而不泻"之器官，髓、骨、脉与五脏联系密切，同五脏一起叙述。

一、心

鸡心位于斜膈前，食管腹侧的胸中。鸡心比哺乳动物略长，并且比哺乳动物比重大，占体重的 0.4%～0.8%，有心包膜和冠状沟。心脏具有两个心房、两个心室。心在五行中属火，位于胸中，为阳中之阳，通于夏气，是生命中永恒的不可缺少的脏器。

心的主要生理功能是主血脉、藏神。心开窍于舌，在液为唾（鸡无汗腺，不排汗，故在液为唾），在志为喜。心的经脉下络于小肠，与小肠相表里。《元亨疗马集》中"心为第一，心重一斤十二两（指马），上有七窍三毛。心者外应于舌，舌则主血，血则润其皮毛。心纳苦。心为脏，小肠为腑。心者血之脏，小肠者受盛之府。心是脏中之君。心为里，小肠为表，心为阴，小肠为阳；心为虚，小肠为实"。

鸡的心血脉系统与人及马、牛、羊等哺乳动物有一定区别。鸡心脏右房室瓣是一片厚肌瓣，呈新月形。右心室壁内较平滑，缺乳头肌和腱索结构。鸡动脉弓和哺乳动物相反，左动脉弓退化，有右动脉弓，哺乳动物是右动脉弓退化，有左动脉弓。鸡血液中无血小板。心外应于舌。水禽舌大于鸡，可察。鸡舌小，有回钩并角质化，无法察色。

（一）心主血脉

心是推动血液运行的动力，脉（血管）是血液往返运行的管道。心主血脉，是指血液通过各种不同的主、支、微脉管供应着鸡的水谷精微（营养物质），维持着新陈代谢的生命运动。心、血、脉组成了一个循环于全身的系统，在这个系统中，心起着主导作用。因为心气推动着血液的运行，使其承载着各种营养物质流行，心泵动脉管节律搏动，使五脏六腑、奇恒之腑、形体官窍得到血液的濡养，肺气吐谷纳新，以维持生命生存活动。如心气衰竭，则血行停止，脉消失，生命必终止。《黄帝内经·素问·痿论》说："心主身之血脉"。可见，心气旺盛，心血必充足，脉搏节律平和，必然健康；反之，则心气不足，心脉节律不齐，出现结脉、代脉。

心的主血功能与宗气的盛衰和肺的呼吸功能有关系。宗气是积于胸中之气，具有"贯心脉"而"行呼吸"之功能。宗气的盛衰，会直接影响心气的盛衰及心脏的搏动和血液的运行。动物的呼吸节律和心率有直接关系。《黄帝内经·灵枢·五十营》说："故人一呼，脉再动，气行三寸；一吸，脉亦再动，气行三寸。呼吸定息，脉行六寸"，因此，肺为"相傅之官"，有助心行血之生理作用。

（二）心藏神

中医讲心藏神主要是指心主宰人体五脏六腑、形体官窍的一切生理活动和人体精神意识、思维活动的功能。鸡及其他动物是否也存在心藏神的功能？对此《宇宙之谜·灵魂的本质》中讲："精神活动并不为人类所独有，人类整个灵魂生活与亲缘关系相近的哺乳动物的灵魂生活只有程度的差别，而没有种类的区别，只有量的不同而没有质的差别"。西方讲的灵魂是指动物心灵（心理学），和我们中医、中兽医讲的"神"类同。由此可见对于鸡讲神同样适合。

《黄帝内经·素问·宣明五气论》《安骥集·清浊五脏》均讲："心藏神"。对于动物而言，无论是它的生理活动，还是心理活动都是如此。如《黄帝内经·素问·六节脏象论》中所言："心者，生之本，神之变也"。但我们必须明确，动物的思维活动是由五脏与脑髓共同协调完成的。《黄帝内经·素问·宣明五气论》指出："心藏神，肺藏魂，脾藏意，肾藏志"。

为说明鸡心藏神，举例见证。一群放养的鸡在山坡上寻食，当它们发现一只猫后，立刻仰头惊叫，并做好身体下蹲的逃离姿势。这时鸡将呼吸加快，心脉跳动加速，实际是心理准备，是心和脑共同作用于条件反射的反映，也就是心神表现。由此常见实例可见，神的作用反映到心，心血搏动加快，流向周身，尤其是颈和翅血充盈，鸡才能飞奔。此为心主心灵活动，即神。

（三）心开窍目神

对于人和哺乳动物，心开窍于舌，是很明确的。鸡舌小并有回钩，由于角质化，根本血色不明显，唯有目中见神。凡心血充盈，心神得养者，眼睛圆大、滋润、清亮，瞳孔放光，睁闭眼睑敏捷，并且肉冠透红，羽毛光泽。凡心血不足，神不安藏者，必眼小、涩、无光，严重者半睁半闭，或睁一只眼闭一只眼，并且冠不是发绀就是白而粗糙，毛乱、毛立、毛无光泽。

在中兽医学中，肝是开窍于目，而笔者讲鸡心开窍于目是为何？人民卫生出版社1982年2月出版的、朝鲜许浚著《东医宝鉴·外形篇》（汉语版）讲："五脏六腑之精气，皆上注于目而为之精。精之窠为眼"。《五轮之图》指出眼睛："大小属心"。由以上这些论述可见，鸡心之窍眼睛，中医早有指教。

（四）心在液为唾

中医、中兽医讲心在液为汗，这是人与哺乳动物的特点。对鸡来讲是不适宜的，鸡是不具备汗腺的，即便是夏天38℃以上时，它也只能通过张口、展翅来散热。那么鸡什么液与心有关呢？当给笼养鸡注射时，人们往往由笼中抓鸡两腿，拉出笼，凡健康鸡口中均流出清亮黏稠的液体，即唾液；病鸡唾液少或无唾液。鸡吃干食到口中，通过舌的回钩在口中经唾液润湿后，才能吞咽入食道。鸡的唾液比哺乳

动物的更充裕，同时鸡唾液起着类似哺乳动物排汗散热之功能。

> **附：心包络**
>
> 心包络，又称心包或膻中，与腑中三焦为表里。心包络是心脏外面的包膜，具有保护心脏的作用。鸡心包络是一层膜，包裹心及冠状沟，沟中有动脉血管，供血液运行。心包络与心同色，剥离为白色。按古代中兽医之说，"心者，五脏六腑之大主，精神之所舍也，其脏坚固，邪弗能容也。容之则心伤，心伤则神去，神去则死矣，故诸邪之在于心者，皆在于心之包络"。当外邪要侵入心脏时，由表入里，由外向内，首先侵入心包络。

二、肺

对于鸡，肺在透明斜膈之前，是五脏中与心相邻的一个器官。鸡的肺两叶，不分小叶；形如平行四边形的海绵体，粉红色；位于胸腔背侧，由第二肋骨至最后肋骨背面嵌入。肺前具有分通道汇聚总通道，在咽外通于左右两鼻孔。肺外具有其他动物不具备的 9 个气囊，与通气道相接。肺为阳中之阴，通于秋气，是生命中不可缺少的脏器。

对哺乳动物而言，肺的主要功能是主气，司呼吸，主宣发和肃降，通调水道，外合皮毛，开窍于鼻，在液为涕。肺的经脉下络于大肠，与大肠相表里。在志为悲，五行属金。与哺乳动物相比，鸡肺具有生理特殊性及特殊功能。哺乳动物是单呼吸，鸡是双重呼吸，气通心且通骨。

（一）肺主气，司呼吸

《黄帝内经·素问·五脏生成论》讲："诸气属肺"。《黄帝内经·素问·六节藏象论》中说："肺者，气之本"。

肺主呼吸之气是指动物所需全部气体都是经由肺的生理功能调理，氧气等清气吸入肺，由肺之血脉进入心，由心又推而输布于五脏、六腑，形体官窍将所需之生命运动之气化生，然后，又将二氧化碳等浊气通过血脉载流至肺呼出。肺永无休止的呼吸运动，促使清浊之气在人与动物体内吐故纳新，才使生命物种永存于天地之间。

动物一身之气有三：一是，天阳地阴合产之清气；二是，先天物种所宗传之，肾藏之精气；三是，每个动物个体由水谷所化生之精气。

心为君，如无肺之气推动血液，则血液无法运行。血运行是依赖肺气；血脉停与肺气闭，动物命丧。由此可见，心、肺在生命运动中具有同等地位。

（二）肺主宣发、肃降

肺一呼一吸是对立统一的运动形式，对动物体起到宣发和肃降的作用。

肺主宣发。中兽医宣发是指肺呼出作用，一则是将体内已代谢过的浊气呼出体外；二则是，将脾传输至肺的水谷精微之气（卫气）随同血脉宣散动物全身。卫气，《黄帝内经·素问·痹论》说："卫者，水谷之悍气也"。卫气之所以能宣散动物（禽）全身，发挥其护卫肌表，温养脏腑、肌肉、皮及羽毛，调节、控制腠理开合的作用，是靠肺气的宣发而实现。《黄帝内经·灵枢·决气》讲："上焦开发，宣五谷味，熏肤、充身、泽毛，若雾露之溉，是谓气"，即指此言。若肺气不宣而壅滞，则引起鸡咳喘，羽毛枯乱、无光泽。

肺主肃降。肺的肃降，是指肺气具有清肃下降的功能，以清肃下降为顺。此指肺气向下（主要是独阴）通降，以保持呼吸道清洁，呼吸畅通，其功能有三：一是鼻、咽、气道、肺体内洁净，吸入清气，呼出体内浊气，畅通无阻；二是，将水谷精微化生之气输布动物组织器官，并通过体内消化吸收后，将多余的、淘汰的水谷津液下布于肾，经由水道排出；三是，将保持气道与鸡气囊贮气顺畅，完成双重呼吸。由肃降生理功能可见，肺具有通调水道之功能。

由于肺的宣发与肃降是对立统一的矛盾事物，因此必有制约，病理情况之下则相互影响；只有宣发和肃降能正常运行，才能气道畅通，气囊贮气充足，鸡才能呼吸均匀、体内外气体交换顺畅、脉象平稳。如果宣发、肃降失调，则会出现咳嗽、打呼噜、甩痰等。

（三）鸡肺主气囊

鸡肺外有 9 个气囊，这是鸡与哺乳动物相比，在生物进化过程中出现的特殊器官。9 个气囊分别是 1 个锁骨间气囊、2 个颈气囊、2 个前胸气囊、2 个后胸气囊、2 个腹气囊。这 9 个气囊分别与次气道、支气道相通。更特殊的是气囊具有息室进入腔骨中。气囊的生理功能是外协鸡飞、浮水、奔跑；内协减轻体积、保持体温、保证生殖之精活力，避免脏之间摩擦。鸡通过双重呼吸，不但能充分利用清气，而且还能适应更广阔地域环境。

（四）鸡肺朝百脉

鸡的运动强度比哺乳动物大，心肺活动频率快，耗氧高，耗能量比其他动物高；肺朝百脉作用明显。

肺朝百脉，泛指全身的血液都通过百脉聚于肺，经肺的呼吸，进行体内外清浊之气的交换，然后将富含清气的血液通过百脉输布动物全身，调节体温。肺气通过宣发（散）与肃降，使动物全身血液通过百脉聚于肺，此则为向内。肺血通肺气，推动心气入心，心又将带有清气（或称氧气）的血输布动物全身，此则为向外。这种生命不止、气血运行不息的对立统一的生理运动就是肺心互依互促的，肺朝百脉的生理功能。在此应指出，肺呼入的清气只有与脾、胃及小肠运化而来的水谷精气生成宗气，只有这种宗气才能"贯心脉"，才能起到推动血液在脉管道中运行的作用。在肺朝百脉中，心与肺之间的关系正如《元亨疗马集》中所说，"心为君，而肺为丞相；各有其职各有其责"。

鸡陆地能行，上天能飞；心跳快，呼吸急，吃得多，消化吸收快；心肺配合紧密，一旦一脏发病，易牵动另一脏发病。以上均为鸡病重之因，也是鸡发病快、传染快、死亡快的原因，换句话说，鸡肺朝百脉的功能，比哺乳动物更为重要。

三、脾

鸡脾位于斜膈之后的腺胃腹侧，紧贴腺胃，一膜之隔，形如羊舌，色紫红同肝色。脾俗称"沙肝"。

脾的主要生理功能：主运化，统血，主肌肉四肢。脾开窍于口，在液为涎，在志为思。脾经脉络于胃，与胃相表里。脾在五行中属土，居腹中，为阴中之阴。

脾在动物体内属五脏之一，是重要脏器，但与心、肺、肾、肝相比，并非是不可缺少的脏器。关于鸡脾与胃、小肠的关系，笔者浅谈几点看法。脾的血管有直通胰腺、腺胃、肌胃和十二指肠的通道。如《畜禽解剖学》（2005 年，从高等教育出版社）讲："脾与胃、小肠属于同一个植物神经次级丛。腹腔丛发出次级丛，如肝丛、胃（肌胃）丛、脾丛、胰丛、十二指肠丛和腺胃丛，分布到相应的器官"。

（一）脾主运化

运，即指转运，输送之意；化，即指消化和吸收。脾主运化，是指脾具有将水谷化为精微，把能被吸收的精微物质经过血液、津液输布至动物器官和组织的生理功能。笔者理解此处水谷精微，即现代生物学中所讲的水、糖类、脂肪、蛋白质、矿物质、微量元素、维生素、激素等，经过酶类分解后的生化营养物质。这些物质溶解于血液中，在气血推动下输布至动物体脏腑及组织中。因此《元享疗马集》称："脾是脏中之母"，起着充盈体内各器官组织，运化能量的作用。

1. 运化水谷 鸡将食物吞入，首先贮存在前胸嗉囊中，食物在嗉囊中主要经饮水润湿，润湿的食物然后逐渐入腺胃。经腺胃水液、津液润泽，被消化、吸收一部分，然后又转到肌胃；在肌胃与食物混入的砂石一起被磨碎、磨细，然后进入小肠；在小肠内腐熟，泌别清浊，转化成鸡可利用的各种水谷精微。清净水谷精微经脾运化进入肺，经肺宣发、肃降作用与清气同输入心；由心经血脉输布于全身各处。这就是脾的转运布精功能。由此可见，脾运化水谷精微的功能旺盛，鸡消化机能才能旺盛，精、气、血、津液等物质的转化才健运，鸡则能生长发育，生产能力高；否则，脾失健运，鸡消化机能失调，或外邪（病毒）内侵，便会出现红痢、白痢、黄痢，以及精神萎靡、头低尾耷、羽毛蓬乱等临床病态。

2. 运调水液 脾运化水液。《黄帝内经·素问·经脉别论》对其气机运化指出："饮（水）入于胃，游溢精气，上输于脾。脾气散精，上归于肺，通调水道，下输膀胱（鸡指泄殖腔）。水精四布，五经并行，合于四时五脏阴阳揆度，以为常也"。由上述理论得知，鸡饮入水在胃中与谷初步运化，产生清净水谷精微；其中水溶性精微在脾引胃下输经脾气上散于肺，供应全身；浊性水谷经肺至脾运化，下注入泄殖腔。

《黄帝内经·素问·至真要大论》指出："诸湿肿满，皆属于脾"。这就是说脾主运化水液。若正常，各脏腑及各种组织协同作用，水液不会产生停滞，鸡体液代谢相对平衡。若脾运化水液失常，水液不能或部分停滞，就会出现湿、痰病变，出现水肿现象。

脾运化水谷与运化水液并非各行其是，而是与肺、小肠协同运化，如一方面失常，往往也会影响另一方失常。

（二）脾主升清

升，指上升或称输布。清，指水谷精微物质。脾主升清，是指脾气上升，并将其运化的水谷精微向前输布至心、肺、头、目，而通过心肺运化的运动化生气血，以濡养全身。因此，《临证指南医案·脾胃》讲："脾宜升则健"。脾之升清和胃之降浊，是相对而言，脾宜升则健，胃宜降则和。另外，脾升清，可使内脏保持相对固定的位置。若脾升清功能正常，水谷精微在气血的推动下才能有序地输布且内脏位置相对固定。如果脾气不能升清，则导致不能正常运化，气血生化缺源，输布无力，鸡出现拉稀、疲倦、脱肛现象。

（三）脾主统血

脾之所以具有统摄血液的功能，关键在于脾能化生、贮藏血液，并且通过脾气输布血与津液。这就是《金匮要略》注解所说："五脏六腑之血，全赖脾气统摄"。

鸡便血、尿血同由泄殖腔经肛门排出，同为脾不统血所致。脾不统，是由气虚所致。脾虚病机正如《景岳全书·血证》所述："盖脾统血，脾气虚则不能收摄，脾化血，脾气虚则不能运化，是皆血无所主，因而脱陷妄行"。

四、肝

鸡肝位于斜膈后，腹腔部位，胸骨背侧，前与心接触，心下（后）是腺胃和脾。鸡肝分左右两叶，深褐色。鸡肝与哺乳动物相比，比重较大，相当于体重的 0.4%～0.8%。右肝叶有胆。肝的主要生理功能是藏血，主疏泄，主筋。肝开窍于目，在液为泪。肝脉终于胆，与胆相表里。肝在五行中属木，肝居腹中，为阴中之阴，是生命中不可缺少的一脏。

（一）肝藏血

肝藏血，指肝具有贮藏血液和调节血量的功能。《黄帝内经·素问·调经论》中记载："肝藏血"。《黄帝内经·灵枢·本体》又指出："肝藏血，血舍魂"。唐代王冰在注解《黄帝内经》时讲："肝藏血，心行之，人动则血运于诸经，人静则血归于肝藏"。明确了肝藏血的功能。肝藏血即供血，供血就是供营养（水谷精微）。

（二）肝主疏泄

肝疏泄什么？此正如《黄帝内经·素问·经脉别论》所说："食气入胃，散精于肝，淫气于筋"。

疏，为疏通之意。泄，即发散之意。所谓肝疏泄，是指肝具有保持鸡全身气机疏通，通而不滞，散而不郁的作用。肝主疏泄的功能，是指肝脏以主升、主动、主散的形式，调畅鸡体内气机，推动血与津液运行，来完成鸡的生命运动。肝疏泄对鸡体影响，主要表现在以下3 个方面。

1. 协调脾胃运化　肝气对脾胃的疏泄，是保障它们正常消化吸收运转的功能的实现。其一是，由于肝的气机运动同样使脾运之气升降协调，此正如《黄帝内经·素问·宝命全形论》所说："土得木而达"。二是肝疏泄功能正常与否，直接影响肝为胆化生，输注胆汁功

11

能，以帮助脾胃起消化作用。《东医宝鉴》针对肝与胆的功能指出："肝之余气溢入于胆，聚而成精（胆汁）"。若肝气生郁结，疏泄失常，必影响脾胃运化；会引起鸡的食欲减退，腹胀，呆立，精神萎靡不振。

2. 调畅气血运行 肝主疏泄，即气机调畅，实指调畅气血正常运行。肝之所以能调畅气血，一是因为肝的本性决定。正如《临证指南医案·肝风》指出"……则刚劲之质，得为柔和之体，逐其条达畅茂之性"。二是由肝对心的作用（功能）决定。如《名医杂著·医论》中说："肝气通则心气和，肝气滞则心气乏"。由此可见，肝与心，肝气与心气，亲密无间，携手并进。肝气行则血气行，肝气郁结，则出现气滞、血瘀；若肝气太盛，血随气逐；鸡冠齿发紫黑。

3. 通调水液 肝通调水液指调畅肺、脾、肾三脏气机，使气化有权，津液通达全身；同时它又能通利三焦，疏通水道，使津液正常运行。尽管津液敷布与肺、脾、肾、三焦有关，但没有肝调畅气机，其他三脏一腑仍不能正常调畅水液。若肝调畅功能失常，气机失利，必然影响三焦的通利；鸡尤其是快速生长肉鸡则出现肝肿，腹水症。

（三）肝主筋

筋，包括肌、肌膜，主要分布在翅内前后侧，腿后侧，色略黄，有弹性。筋是联系骨关节，牵动肌肉，主司运动的组织。筋连接于骨之间，肌肉与肌肉之间；调控鸡飞、奔、行的运动行为。筋操纵运动自如，是因肝供其营养所致。对此《本草纲目·湿剂》已明示，"骨正筋柔，气血以流，腠理以密，骨气以精，长有天命"。肝血充盈，筋才能得到充分濡养，鸡的骨节灵活，筋具有弹性，伸缩运动自如。如果肝血不足，血不濡养筋，鸡便会出现翅下奄不收，久卧伏不立，立而不稳。

（四）肝开窍于目，在液为泪

肝与目有经络相通，正如《黄帝内经·素问·五脏生成论》所说："肝受血而能视。"由此可见，鸡患肝病则视混浊、流泪。

五、肾

鸡肾位于腰荐骨两侧，呈红褐色，形如豆荚状，可分前、中、后三部，无肾门血，鸡不具备肾盂、肾盏，尿由左右两细管直排入泄殖腔。肾的主要生理功能是藏精、主水、纳气、生髓、通于脑并主骨连耳。肾开窍于耳，司独阴，在液为唾。肾有经脉络于泄殖腔，与泄殖腔相表里。其华在羽毛，在志为恐。肾为先天之精，又是全身脏腑阴阳之本。肾在阴阳中，属阴中之阴，在五行中属木，是鸡体中不可缺乏的脏器。肾的生理功能有以下几项：

(一)肾藏精，主宗传、主发育

肾藏的"藏"，是指闭藏，是指肾具有贮存、封藏精气的生理功能。如《黄帝内经·素问·六节藏象论》所说："肾者主蛰，封藏之本，精之处也"。在《黄帝内经·素问·上古天真论》中也说："肾者主水，受五脏六腑之精而藏之"。鸡肾藏精，并充盈，防止无故丢失，可促其充分发挥生理效应。

精是精微物质，是构成动物体的基本物质，是生命的物质基础。肾精由两部分组成。

1. 先天之精 先天之精是生命个体一代一代遗传的，也就是所谓禀受父母之先身所赋生，即西兽医所称的遗传基因。什么是先天之精？《本草纲目·人精》中讲："营气之粹，化而为精，聚于命门。命门者，精血之府也……谓精为峻者，精非血不化也；谓精为宝者，精非气不养也。故血盛则精长，气聚则精盈"。

《黄帝内经》将性精微物质称为天癸，并指出是随着年龄增长到一定程度后，产生出这种精微物质，这种物质促进人体生殖器官发育成熟，维持生殖功能。鸡也是如此，只不过它与人是不同的，本身发育速度快，一般150～180日龄即性成熟。鸡体形越小，性成熟越早；鸡体形越大，性成熟时间越晚。鸡产蛋即表示性成熟。公母鸡交媾，先天之精就发挥作用。现代将先天之精雄性称为精子，雌性称为卵子；精子与卵子结合成合子才称为先天之精，此为生命之根本。

2. 后天之精 后天之精是由动物摄入水谷，经脾胃运化，由肺呼入的清气经肺运化，然后经五脏六腑复杂而有序地运化，化生形成脏腑之精，也称水谷精微。

总之，动物的先天之精与后天之精是相互依存、融为一体的。没有先天之精，后天之精无的放矢。没有后天之精的供应，先天之精不得发挥作用。二者彼生彼长又彼消彼弱。

（二）肾主阴阳平衡，作用于新陈代谢

肾阳促进全身之阳。肾阴加强全身之阴。只有肾阳、肾阴的此消彼长、平衡，此消彼长再达平衡，肾气才能充盈健旺。肾阳、肾阴在雄雌鸡的异体中生成阳精阴精，结合成合子，形成新生命；在本体内，肾阴、肾阳互生互斥，达到相对平衡，而后再有规律地反复，重复这样的运动，才使肾有活力。

肾阳：肾阳主要促进机体的温煦，具有运动、兴奋与气化的功能，能促进气的产生、运动和气化，并制约肾阴过盛。中兽医学上肾阳也称"贵阳""元阳""命门之火"。肾阳的产生，主要来源于先天之精，在后天清气和水谷精气的充盈下转化而来。肾阳促进气的产生，所以强肾阳，不但要加强肺的呼吸和脾胃的消化功能，同时要使鸡有形之形体化为无形之气，促化气作用。气推动着血与津液运行。鸡在飞奔时的运动量大，气运加快，血与津液循环、排泄快，对此气、营养的新陈代谢都相应加快。由此又可见肾阳足，鸡新陈代谢旺盛；如果肾阳不足，鸡则新陈代谢降低，造成飞奔困难，甚至无能力飞奔。

肾阴：肾阴的主要生理作用是促进机体滋润、濡养和制约阳热。肾阴通过三焦到达全身，促进津液生成（分泌）与血生成，津液和血对机体组织器官均有滋润和濡养作用，故称肾阴能促进滋润和濡养。肾阴能输达全身脏腑、经络、形体、官窍。肾阴旺，则全身之阴皆旺；肾阴衰，全身之阴衰。古医称肾阴为"贵阴""元阴""贵水"。

肾阴衰，鸡同样发病。正如《格致余论·相火论》所说："煎熬贲阴，阴虚则病，阴绝则死"。

总之，肾阴和肾阳互约、互动、互养，调节鸡体新陈代谢。在正常情况下，肾阳、肾阴相对平衡，维持鸡的正常生理活动。若任何单方偏盛或偏衰，均导致失衡，而致鸡患病。

（三）肾主水

肾主水，指肾有调节鸡体津液、血液代谢的作用。如《黄帝内经·素问·逆调论》所说："肾者水脏、主津液"。再如《活兽慈舟》讲："肾水主胃，膀胱共"。之所以在此讲血液，是因为根据现代科学得知，血液入肾滤过生成尿液；现行之说与中医、中兽医说肾主水是一致的。

由前面肺、脾生理功能可见，水液代谢是肺、脾、肾三者协同作用完成，但肾的作用尤为重要。肾主水的生理功能主要靠肾阳对水液蒸化来完成。

水液的代谢是一个复杂的运化过程。在水液代谢过程中，首先是鸡嗉囊、腺胃，其次是肌胃、小肠、大肠、脾，有规律、有节律地协同消化吸收水谷中精微而产生各类津液，然后通过肺、脾、肾、三焦运化，经脉管的血液输布全身，发挥滋润和濡养作用，最后，代谢后产生的废液，通过粪便、尿液和呼出水汽排泄。因为鸡不具有汗腺，所以天热时鸡以多饮水、张口加速呼吸排水汽、增多排便的方式排出水液。这就是肾阳的蒸化作用，称"气化"。如果肾阳不足，命门火衰，气化失常，就会引起鸡的腹部或胸部水肿。

（四）肾主纳气

纳，有受纳和摄纳之意。纳气即吸入肺中之气。肾主纳气，是指肾有协助肺保持吸气的深度、防止呼吸浅表的作用。

对于呼吸相关脏器的协助作用，《难经·四难》说："呼出心与肺，吸入肾与肝"，《类证治裁·喘症》说："肺为气之主，肾为气之根。肺主出气，肾主纳气，阴阳相交，呼吸乃和。若出纳升降，斯喘作矣"，明确指出了肾与肺的呼吸作用和性质。若肾虚，根不固，纳气失常，则影响肺气肃降，发生清气纳少，浊气出多，鸡则出现气息喘喘，站立不稳，步态失常。严重者，喙张不闭、水不饮、食不啄，3～5 天死亡。

（五）肾在液为唾

唾为口津，在鸡口、咽生成。鸡口中无齿，整吞整咽五谷，因此，唾量比哺乳动物多几倍。鸡口、咽有 9 个生唾腺泉，只有这样才能快啄速咽。

唾之根于肾。《黄帝内经·素问·宣明五气论》说："五脏化液……肾为唾"，清·张志聪注解说明生唾机理："肾络上贯膈入肺，上循喉咙挟舌本，舌下廉泉玉英，上液之道也"，以上两言指出，肾根之液，通过足少阴肾经，由肾向上，经肝、膈、肺、气管到生唾腺泉，啄食而泌，散热而润咽舌而流。若鸡肾阴阳失衡，肾泌唾减少，啄食必减缓速度，体况不佳。

（六）肾开窍志于耳，司鸡独阴

肾外窍为耳，所以鸡听力如何是肾之反映，耳的听力由肾精气充盈所定。《安骥集·碎金五脏》言："肾壅耳聋难听事，肾虚耳似听蝉鸣"。鸡遇异音反应迟钝者，主因肾阴虚所致。

肾的后窍即独阴（独阴内称泄殖腔，外称肛门）。鸡及其他卵生动物的泄殖腔为其排便和生殖之腔。承传生殖都受肾阳的司致。若肾阴阳失衡，温照不足，则产蛋率下降，公鸡精液少，受精率下降。若脾肾阳虚，则腐熟受阻，致粪便汤泻。

第三节　六　　腑

六腑，是指胆、胃（嗉囊、腺胃、肌胃）、小肠、大肠、泄殖腔（膀胱）和三焦的总称。它们共同的生理功能是传化水谷，具有泄而不藏的特点。六腑在阴阳学说中均为阳。

一、胆

（一）泌存胆汁

《黄帝内经·灵枢·本喻》说："胆者，中精之府"。胆内贮胆汁，味苦，墨绿色。胆汁由肝之余气化生，是清而不浊的津液，故《安骥集·天地五脏论》中称"胆为清净之腑"。胆汁输布小肠，参与脾胃对水谷精微的正常运化。《黄帝内经·宝命全形论》所说的"土得木而达"，即是以五行学说（肝胆属木，脾胃属土）概括肝胆和脾胃之间存在着克中有用、制则生化关系。

（二）排泄胆汁

肝的疏泄功能直接调控着胆汁生成和排泄。肝疏泄正常，胆汁排泄畅达，则脾胃运化功能亦健旺；反之，肝失疏泄，导致胆汁排泄不利，造成胆汁郁结，影响脾胃消化不利，鸡会出现便稀现象。

胆主判决，即判断，指精神意识。《黄帝内经·素问·灵兰秘典论》说："胆者，中正之官，决断出焉"。由此可见，胆健则意于决断，胆气虚则怯。《东医宝鉴·内景篇·卷三》说："胆者散也，惊怕则胆伤矣"。笔者在北京海淀区苏家坨办鸡场时，因几辆重载车由场外经过，震动、声响较大，引起笼中鸡惊群。剖检惊死鸡，发现的确是"吓破了胆"致死。西兽医认为胆汁碱性，起酸碱平衡作用。

二、胃

鸡胃有三，协同纳水谷，主消化。鸡胃有三，指胸前偏左有嗉囊；胸后腹前有橄榄形腺胃，前接食道，后有胃道接肌胃。肌胃半圆形，外有质地坚硬的肌肉，内有一层鸡内金，里皮黄，表层有由前向后的筋样肌肉向后放射。胃在五行中属土，脾胃为表里。主要生理功能是：

（一）主受纳，腐熟水谷

所谓受纳在此为接受、容纳、贮存之意。腐熟，即消化之意。消是指将粗大食物通过腺胃、肌胃运动转变成碎小食物。化是通过液之混入，生化为水谷精微。鸡受纳是靠嗉囊主宰。鸡啄入口中谷物、昆虫和沙砾，经口咽唾液润滑，经食道入嗉囊贮运，完成受纳。鸡腐熟水谷比较复杂。鸡啄入五谷、昆虫、沙砾，经口咽津液润滑后吞咽入食道，然后滑入嗉囊；在嗉囊始温腐；水谷经脾运化不断进入腺胃，腺胃泌盐、酶、津液，经津液润湿二次腐熟；然后，注入肌胃，经肌胃磨腐为细糊糜状水谷；再经脾胃、小肠协同运注至小肠；最终，精微物质化生为气血津液，输布濡养全身。因此，胃虽有受纳、腐熟的功能，但必有脾的有序有律的协同配合，才能使水谷化生为血液和津液，输布全身脏腑、官窍。

对于胃腑，《黄帝内经·素问·玉机真藏论》讲："五脏者，皆禀气于胃。胃者，五脏之本也"。而朝鲜《东医宝鉴·内景篇·卷三》"人之所受气者，谷也。谷之所注，胃也。胃者，水谷气血之海也。海之所行云气者，天下也。胃之所出气血者，经隧也。经隧者，五脏六腑之大络也。胃者，五脏六腑之海也。水谷，皆入于胃，脏腑皆禀气于胃"。由此可见，五脏六腑之气皆禀气于胃，胃气的生理功能好坏会影响五脏与六腑，其他 10 个脏腑的病理变化皆与胃气有关。

概括来说，胃受纳腐熟生成胃气，胃气滋养脏腑之气，而脏腑之气又滋养着动物的形体官窍，故胃气可为元气之根本。

（二）主通降，以降为合

胃主通降是指胃中水谷能顺利地下注于小肠。通降的生理功能是：胃是水谷之海，水谷在胃受纳、腐熟后，余之水谷必须下注于小肠，才能对水谷进一步腐熟（消化），并将其精微物质再进一步通过脾的气化，进行彻底地消化，然后注入血脉，供鸡体组织、器官吸收。

以降为合是指胃与小肠通力协同合作的生理功能，《东医宝鉴·内景篇·卷三》指出："饮食入胃则胃实，胃实而肠虚；食下则肠实而胃虚；胃满则肠虚，肠满则胃虚；更虚更实，故气得上下，而无病矣"。胃气通降失利，消化不良。胃气降阻，食欲不振，腹胀满，停入水谷。

三、小肠

肠是五谷下行管道，大、小肠是依粗细而分，生理功能而别，并非以长短而定。鸡大、小肠分界于盲肠门，前为小肠，后为大肠。小肠前连于肌胃前侧，肠道将小肠围裹形成 U 字袢，成年雌鸡袢长 12～13 厘米，袢后小肠向后曲叠接盲肠。鸡小肠长 157 厘米。小肠在五行属火，与心有经脉互相络属，故与心互为表里。食物经胃消化后注入小肠，再次腐熟消化，精微物质输布周身，糟粕下传大肠。小肠的主要生理功能是：

（一）主受盛和化物

《黄帝内经·素问·灵兰秘典论》指出："小肠者，受盛之官，化物出焉"，王冰为此文注："承受胃司，受盛糟粕，受已复化，传入大肠，故云受盛之官"，由以可见，小肠主受盛，即接受，以腑器盛物的意思。这说明了小肠是接受鸡三胃曾腐熟过的糊状水谷的盛器。化物，是将胃腐熟（消化）过的水谷精微物质复化。换句话说，就是将胃下注的曾经过消化吸收过的物质，在小肠中经胆汁、胰液润泽、化生性腐熟，将水谷比较彻底地分为清精微物质和糟粕。精微与津液入血液，糟粕下注大肠。

（二）泌别清浊

泌，即分泌之意；别，即分别；清，指水谷精微；浊，指食物之糟粕。泌别清浊就是将经小肠消化后的食物，分别为水谷精微和食物的糟渣。

小肠泌别对腐熟很关键。因为小肠有胆汁、胰液注入，小肠运化，即津液的运化。笔者根据中兽医脏腑学说，认为小肠是受泌津液之府，可称津液之海。小肠的腐熟，即通过消而化生食糜各类精微物质，而后经肠管壁入血后吸收。

对于小肠泌别清浊，《医学入门·小肠腑赋》讲："自小肠下口泌别清浊，水入膀胱（泄殖腔）上口，滓秽入大肠上口"。鸡泌别清浊：

清，即为精微物质，可消化吸收的物质；浊，即滓秽（糟粕）物质，推注入大肠的物质；第三部分为水液，水推注入泄殖腔。由此可见，小肠泌别清浊正常，则大小便正常。小肠的生理功能除贮存营养、消化吸收外，还担负着排水液的功能。临床上"利小便即所以实大便"，是这个原理的临床运用。

由小肠的生理功能可见，它是脾胃升清、降浊功能延续的具体表现。因此，小肠功能失常，也会引起浊气逆上，引起鸡食欲不振和下泻便稀。

四、大肠

鸡小肠与大肠分界在盲肠门，前为小肠，后为大肠。鸡盲肠长于直肠。大肠的直肠前接小肠，下连泄殖腔；盲肠开口于小肠，形如鼓槌，后为盲端。鸡盲肠长 17.3 厘米，直肠长 12.7 厘米。大肠五行属金，有经脉络于肺，与肺相表里。鸡大肠中盲肠、直肠的生理功能有别，分述如下：

1. 盲肠 盲肠长于直肠，起一定的腐熟作用。经盲肠腐熟后糟粕同小肠糟粕一样注入直肠。

2. 直肠 直肠主传化糟粕。大肠接受小肠与盲肠泌别清浊后剩余的残渣、水液，再吸收余残水液，而后为粪便，逐传泄殖腔，经泄殖腔与尿液混合，经肛门排出体外。如《黄帝内经·素问·灵兰秘典论》说："大肠者，传导之官，变化出焉"。同样适用于鸡。这里的"传导"，即接上传下，"变化出焉"，即将糟粕化为粪便。大肠传导功能，是胃、小肠功能的继续，也是消化腑器最后的功能，同时也是肺气下降的延续功能。此功能正如《医经精义·脏腑之官》所说："大肠之所以能传导者，以其为肺之腑，肺气下达，故能传达"。此外，大肠传导与肾的气化有关，若肾阴不足，可导致肠液黏涸而便秘，鸡出现排便脱肛。肾阴损虚也会导致阳虚。若肾封藏失司，则便稀如水。很多传染病都有此现象。这便是肾司二便（大便、小便）之说。

五、泄殖腔

鸡无膀胱，由泄殖腔兼职膀胱功能。

鸡的泄殖腔是直肠、输尿管、阴道、雄鸡交尾器共藏之腔。泄殖腔的五行配属，笔者认为因其功能与膀胱类似，应属水。肾与泄殖腔相互络属，为表里。泄殖腔具有以下生理功能。

（一）受盛与输布津液

受盛，即是指接受由大肠传输的糟粕和输尿管传输的残余津液。为何这里讲津液，不讲水液、尿液？从现代科学看，水液不含其他成分，尿液只含尿酸盐、尿素；而中医、中兽医所讲的津液则包括各种激素、血浆等生理活动必需的液体。为什么说泄殖腔受盛的是津液？笔者认为，每当我们于笼中抓鸡时，无论雄鸡、雌鸡，都由于应激由肛门便出液体，这种液体形如清鼻涕，透明，有一定浓度，于水泥地上不干，干后留有痕迹，因此，笔者称之为津液。

津液混同尿液由输尿管道排入泄殖腔内与糟粕混为稀糊状，经肾气化生，经泄殖腔壁最终输布鸡体，余之糟粕由肛门排出，为尿粪固体，上为"鸡矢白"（尿酸盐），下为"鸡矢黑"。这就是我们俗称之言"鸡不撒尿，各讨方便"的根源。如果鸡脾、肺、肾失司，则出现蛋壳沾粪，便稀。然而，肠内膜受伤而便血，瘟病便白绿稀，则另当别论。

（二）助生殖和排卵

雄鸡阴器（阴茎）、雌鸡阴道口均闭藏于泄殖腔内。雌雄交尾时，肛门开张，交媾。精液经子宫上行卵巢与卵子结合，卵在卵宫中生化成形后，输滑到阴道，开始卧抱（准备产蛋），当卵进入腔后，雌鸡开始半立半卧，同时肛门肌肉松弛，鸡又下蹲让卵顺利脱肛，然后卧养卵。鸡生卵赖于肾和脾的气化功能。脾失运，卵少生或不生；肾虚，卵壳多畸形，或壳外膜围包不严，卵无光泽，不利存放。

六、三焦

三焦是上焦、中焦、下焦之总称。三焦对于直立的人，是上、中、下之分；对于马、牛、羊、禽应为前、中、后三焦之分。《安骥集·清浊五脏论》指出："头至于心上焦位，中焦心下至脐，脐下至足下焦位"。鸡胸腹之分为斜膈，膈前为前焦，膈后至脐为中焦，脐后为后焦。前焦包括嗉囊、心、肺，中焦包括肝、胆、脾、肾、腺胃，后焦包括大肠、小肠、胰、胞宫、泄殖腔、输尿管等。三焦在五行中无配属。胡元亮元主编《中兽医学》讲：三焦有经脉络于心包，与心包相表里。各焦生理功能如下。

（一）上焦

对于前焦（上焦）功能，《黄帝内经·灵枢·决气》指出："上焦开发，宣五谷味，熏肤、充身、泽毛，若雾露之溉，是谓气"，此指上焦中心、肺的配合。鸡前焦主气的升发和宣散，指心、肺起输布气血的功能。

（二）中焦

对于中焦功能，正如《黄帝内经·灵枢·营养生会》所指："此（中焦）所受气者，泌糟粕，蒸津液，化其精微，上注于肺脉，乃化而为血，以奉生身，莫贵于此"。可见中焦中肝、脾、胃、肠的统一运化启动了泌糟粕、蒸津液，是升降之枢，气血生化之根源。《黄帝内经·灵枢·营养生会》又说"中焦如沤"，由此可见，中焦的另一生理功能是，胃为水谷之海，水谷入胃，被腐熟，体现了中焦运化水谷作用。对此《瘟病条辨》提出"治中焦如衡，非平不安"的用药法则。

（三）后焦

对于后焦功能，《黄帝内经·灵枢·营养生会》中指出："下焦如渎"。张景岳对此注说："渎者，水所注泄"。渎，此指泄水便的"小沟渠"。鸡的后焦在肺、脾、肾的气化下，主要功能是排泄糟粕、尿液，并具有生精贮精、生殖功能。

对于三焦，在中医界由古至今都有争论，笔者认为，它是脏腑的一个"协会"，起着协调、平衡阴阳转输的中介作用。

第四节　奇恒之腑

奇恒之腑，中医指脑、髓、骨、脉、胆、胞宫。胆已在本章第三节叙述，髓将在本章第六节叙述，脉将在之后章节叙述；在此仅对脑和胞宫进行叙述。另外，由现代医学研究可知胰腺同胆一样也能藏"精汁"，并且对于鸡的消化吸收甚至有比胆更重要的功能，为此列入奇恒之腑论述，供后人验证。

一、脑

鸡脑居于头颅内，形如半球状。脑由大脑与小脑组成。脑由脑髓汇聚而成，故《黄帝内经·灵枢·海论》说："脑为髓之海"。

古代医学将神志归于心是由于那时人与动物的解剖生理无从知晓。心主神志，其实在明代已有异议，《本草纲目·辛夷》中李时珍提出："脑为元神之府，鼻为命中之窍"。清代王清任在《医林改错·脑髓说》中质疑："气之出入，由心所过，心乃出入气之道路，何能生灵机，贮记性？"现代医学证明，脑为神志之统帅，并将脑髓、体内分布之髓统称神经系统，主神志，即思维意识之物质。

（一）元神之说

李时珍提出"脑为元神之府"，打破了古代医学、先哲们对心主神志的误解。王清任在《医林改错·脑髓说》中说："金正希曰'人之记性皆在脑中'，汪仞庵曰'今人每记忆往事，必闭目上瞪而思索之，脑髓一时无气，不但无灵机，心死一时；一刻无气，必死一刻'"。何为元神，《永乐大典·神》中列举自己元神说法，其中一段讲："又自己元神，即先天一气之体。先天一气，即自己元神之用。故神不可离于气，气不可离于神。神乃气之子，气乃神之母。子母相亲如磁吸铁"。元神是每个动物个体均具备的，是先天（遗传）具备的元神，是没有任何形态、不可见的物质。

（二）大脑主神志

脑为髓之海，而且是听觉、视觉、嗅觉、触觉四官汇聚处。《医林改错·脑髓说》讲："两耳通脑，所听之声归于脑。脑气虚，脑髓小，脑气与耳窍之气不接；故耳虚聋，耳窍通脑之道中，若有阻滞，故耳实聋。两目即脑汁所生，两目系如线，长于脑，所见之物归于脑。瞳仁白色是脑汁下注，名目脑汁入目。鼻通于脑，所闻香臭归于脑。"可见，大脑是神明之统帅，统知周身，大知一脏一腑，小知一根羽毛。脑辖嗅觉、听觉、视觉、触觉，各官各司其职，将体内外之事随时禀于脑，然后胆助脑决断后，做出应答之反应。在动物又称条件反射。

条件反射是鸡思维活动的反应。如鸡听声，抬头视之；遇异类动物，而惊之；遇食物，群起而争之；遇燥热张口、展翅，寻通风之地而避之等，均为大脑生理功能的反应。

（三）小脑主运动

小脑在大脑之后，体积小于大脑。鸡小脑主行走、飞奔之职。

鸡的运动是通过视觉、听觉、触觉禀于大脑后反馈产生的。小脑是操纵身体内脏腑骨肉，外至翅、足运动势态，并掌握行走、飞等速度，飞行高度，行动方向。鸡之动，是以一官一脏为主，它官它脏通力配合，互相协调完成的。

二、胞宫

在雌鸡，胞宫即指卵巢和子宫。

鸡为卵生，初生雌雏腹中便有先天之精赋予的卵根之源。卵源，即卵巢上微小的、随着性发育逐渐变大的圆珠形卵黄。卵黄经肾的气化进入子宫，在子宫再包裹上卵白、卵壳，变为成形卵，即蛋。

卵巢的生理功能：卵巢泌津液，育卵子。卵巢筋膜悬吊腹腔背侧，前端与左肺叶衔接，幼鸡形如桑葚状，成年鸡如葡萄状。卵巢，即卵子之舍，形如葡萄之枝脉系联卵泡，卵泡中封藏卵子。卵巢受肾气化作用，濡养卵子。卵子成熟后脱卵泡入宫前口（伞部），最终，卵子经阴道排出体外。卵巢外应于肉冠。耻骨开、冠红为产卵（蛋）征兆。

子宫的生理功能：子宫濡养卵胚生长发育。子宫以背腹韧带吊悬于腹腔中，未产卵雌鸡平直，经产雌鸡宽而长，宽、长超直肠，占腹腔体积大，休产期略小。

一些疫病常致卵巢、子宫感染严重，后期即使病情得到控制，鸡体康复而卵巢、子宫功能也难于恢复，导致鸡产畸形蛋或孵出弱雏。

三、胰腺及其他腺体器官

对于胰腺，中兽医学上无论述，笔者认为其藏清净津液，随血脉于全身起着调节物质代谢的作用，故将其归在奇恒之腑进行介绍。

按中医、中兽医脏腑学说，胰腺同胆一样具有封藏特点，应属奇恒之腑中一员。胰腺居小肠襻中间，由小肠系膜固定，有3个管道通于小肠，形似海带，淡青色，成年鸡长约6厘米。

据笔者剖检鸡，观其脉络发现，胰脏上清晰可见经脉来于心之主脉，通于脾。由此可见，胰脏经脉不但与小肠络属，而且与心络属。

胰的主要生理功能：泌清净津液，其津液种类不同，各司其职。津液中以分解蛋白质、淀粉、脂类的酶为主；泌而封藏，运化成熟后传注到小肠的食糜中。食糜被分解成精细物质，再被小肠壁中微脉络吸收入血，然后输布鸡体组织、器官。胰泌液是心之气化、脾之运化、肾助运而生成。

鸡的其他腺体器官，如淋巴腺，可生成淋巴液，这些津液混于血液之中，成为血的组成成分，并对靶器官起着促进生长发育、维持阴阳平衡、扶正祛邪的功效，应被重视。

第五节　脏腑相互关系

　　鸡与人和哺乳动物一样，是一个统一的有机整体，是由脏腑、经络、形体和官窍组成的。各脏腑、组织器官的生理活动都不是孤立的，而是整体运动的组成部分。它们之间互相依赖，互相生克，以经络为联系网络，以精气为动力，使髓、血液、津液环周全身，实现和睦、协调统一。一旦某一脏或腑出现病变失司，则出现其他脏腑连锁反应，因此，中兽医治疗才采取本脏发病，与相关联脏腑同调理的措施。此谓中兽医治本之特点。中兽医同病异治，异病同治是整体观的防治原则。

一、脏与脏之间的互动关系

（一）心与肺

　　心与肺的关系，即气与血的关系。《黄帝内经·素问·五脏生成论》指出："诸血者，皆属于心；诸气者，皆属于肺"，明示了心与肺的生理功能。现代研究表明，肺通过气体交换，将静脉血变成富含氧气的动脉血。血液经肺部脉管注入右心房，再经心、体动脉，实现周体循环。心与肺是直通关系。血的运行、输布靠心泵压力，肺气的推注力，也就是心、肺同力。心、肺各有所主，又共主气血运行，缺一不可。

　　心肺通力配合，气血周身畅通；若一方失渎，立刻波及它方。即所谓医理所述"气为血帅，血为气母，气行则血行，气滞则血瘀"。因此在病理上，若肺气虚弱或肺失宣肃，必定影响心血正常运行，导致血液运行迟滞；若心气不足或心阳不振，也会影响肺的宣肃功能，导致肺呼吸功能异常，鸡出现咳嗽、喘气急促、张口呼吸等气上逆之病症。

（二）心与脾

　　心主血脉。脾不但统血，而且还是气血生化之源泉，故心不但与肺，而且与脾息息相关。若脾气充足，则心血充盈，才会气血运行畅通无阻。脉中血靠脾统摄，才不溢出脉外，保障气血畅通无阻。反之，脾之所以运化水谷精微，泄其糟粕，也依赖于心血辖制并滋养心神。

心脾相系，心盛脾健，气血通畅。若心血不足或心神失常，就会引起脾的运化失健，鸡食欲减退、目中无神、行动迟缓或呆立不动。若脾气虚弱，运化失职，也会导致心血不足、脾统血不佳，甚至不能统血，在鸡表现为虚惊。

（三）心与肝

心藏神，肝藏血，心血充盈，心气则旺盛，血运正常，余血才有可藏。肝藏血充盈，鸡飞奔、行走才能得以施行；若肝无藏血，无法调节血量，则无法推之行动。

心主神志，肝主疏泄，心神正常，肝疏泄必然正常。若心血不足，肝血必因之而虚，导致血不养筋，鸡出现动作缓慢。若肝疏泄失常，肝郁化火，扰及心神，出现鸡心神不宁、狂躁不安、鸡群自惊。反之，心火亢盛，肝血受损，则出现血不养筋和目、目误视、扰群。

（四）心与肾

心与肾的生理关系被称为"心肾相交"。心位于胸（上焦），五行属火，属阳。肾位于腹（下焦），五行属水，属阴。两者有阴阳相互滋养、相互制约的关系。心肾的互滋互制主要指"心肾水火既济"，阴阳互补，精血互化，精神互用。

心肾水火即济，指心火（阳）下降至肾，温煦肾阳，使肾水暖；肾水（阴）暖，后上济于心，滋心阳，制约心火，使之无元，从而使心肾协调。心肾阴阳互补，指心阴心阳、肾阴肾阳保持相对平衡。心肾的精血互化。心主血，肾藏精，精血都是维持鸡体必要的精微物质。心肾的血与精互相滋生、相互转化且相交。

在病理上如发生心肾不交，则出现肾阴不足、心火偏亢，肾阴不足、相火偏亢，两者同在鸡中发生，因心烦而慌，出现饮食怠慢，产蛋鸡产蛋下降，产蛋零散，日产蛋时间拉长。若肾精不足、脑髓不充，心血不盈、血欠养神，两者均可导致鸡精神萎靡。

（五）肺与脾

肺与脾的关系主要表现宗气生成和津液代谢两个方面。

宗气生成：肺司呼吸，吸入天地之清气；脾之运化，吸收水谷之精气；清气与水谷精气合生一体之气，即宗气。只有肺脾协同运筹，才能保证宗气正常生成，这就是脾助肺益气。由此可见，肺气的盛衰很大程度上取决于脾气强弱，故有"脾为生气之源，肺为元气之枢"之论。

津液代谢：津液代谢是多个脏腑共同运化的结果，肺、脾是运化的主要脏器。肺的宣发、肃降以通调水道，使水液正常输布和排泄。脾的运化作用，以吸收和输布水液，使水液正常生成和输布。只有肺脾协同，才能保障津液正常生成与输布、排泄。同时，在津液代谢过程中，肺通调水道与脾的运化水液，又存在相互为用的关系。

在病理上，因脾气虚损、肺气虚弱出现脾肺气虚时，鸡表现腹胀、少食多饮。

（六）肺与肝

肺与肝的关系主要体现在气机升降的调节方面，它们是互依互存的协同关系。《黄帝内经·素问·刺禁论》说："肝生与左，肺藏于右"，即指肝主生发之气，于腹背左侧上升，肺交肃降之气，于右侧下降。肝气左上，肺气右下，轮流不息，若一气止，则另气阻；只有互相协调顺畅，才能互惠互利。因肺气以肃降为顺，肝气以升发为宜，肺与肝密切配合，方能升降协调，全身气机调畅。此外，肺气充足，肃降正常，利于肝气升发、疏泄，升发调达，才利肺气肃降。

肺肝在生理上同命相连，在病理上也同命相系。肝郁化火，升发太过，肺失清肃，燥热内盛。两脏同病，鸡出现因头痛而久卧，尾耷头低，喙尖卧时着地。

（七）肺与肾

肺与肾之间的关系表现在以下3个方面。

1. 水液代谢　肺主通调水道，为水之上源。肾为主水的三脏之一，是处主导地位之脏。只有肺肾和谐运化，才能使鸡体内水液正常输布、废液排泄。肺的通调水道功能，依赖于肾阳的蒸腾气化；反之，肾主水功能亦有赖于肺的宣发和肃降。

2. 吐故纳新　肺主气，司呼吸。肾主纳（吸）气，维持呼吸深度。肺肾配合，共同完成吐故纳新的目的。《景岳全书·杂证谟喘促》言"肺为气之主，肾为气之根"之说。

3. 肺、肾之阴阳互资生　从五行学说看，肺属金，肾属水，金生水。肺阴充盛后供肾，促肾阴充足，化生阴液才能有源；只有肾阴充足，发挥功能有力，才能上资于肺，使肺阴充足。此即互资之道，协同之理。

肺肾病理互相影响：由于肺失宣降，水道不利，肾气化失司，水液内停，则水液的输布与排泄障碍，鸡出现咳喘、饮少、便少、食欲不振、消瘦。因肺气久虚，肃降失司，肾气不足，慑纳无权，造成肾不纳气，鸡表现呼吸浅表，动则气喘。肺肾阴同时不足，出现肺肾阴虚而造成体内热，导致鸡咳而鼻中无液，雄不鸣叫或哑声不脆，雌鸡受惊不叫而摆动。

（八）肝与脾

肝脾之间是肝疏泄、脾运化而生血的关系。肝脾生理有缘，而病理必有相牵。肝失疏泄，脾失健运，湿热郁蒸于肝，必出现肝脾不调，鸡会出现精神抑郁，表现饮食不振、低头耷尾，甚至腹泻便汤。若因脾不健运，血缺化生之源，脾统血无力，造成肝血不足，鸡常见贫血、肉冠、肉垂苍白，精神不振，运动缓慢，产蛋量下降，甚至停产。

（九）肝与肾

1. 肝肾精血同源　肝藏血，肾藏精。《张氏医通》言："气不耗，归精于肾而为精，精不泄，归精于肝而化清血"，即肾精化为肝血之意。《黄帝内经·素问·上古天真论》说："肾……受五脏六腑之精而藏之"。肾中珍藏之精气也需肝中之血滋养而保持充足，如此，肾精、肝血同盛衰，一损皆损。肝肾互资生、互转化，以达到精生血，血化精，互化通有无，此即称"肝血同源"或"精血同源"。

2. 肝肾阴阳互生互制 《类证治裁》说："夫肝主木，肾主水，凡肝阴不足，必得肾水以滋之"。肾阴充盛，则能滋养肝阴；肝阴充足，亦能滋养肾阴。阴能治阳，肝肾之阴充足，不仅能相互滋生，而且能制约肝阳，使其不致偏亢，抑制相火，使其不致上僭，从而保持肝肾阴阳协调平衡。

3. 肝肾同具相火 心火称之君火，肝肾之火称之为相火。鸡处于正常生理情况下，君火、相火为鸡身之阳气，为少火，功能是蒸腾全身，温暖脏腑，为生命活动之能量所生动力。肝具相火，血不寒，司气机之升发，尽疏泄之职。肾具相火，蒸阴化气输布周身，使水火得济，奉身之本职。相火为肝肾专司，达肝肾精血充足，肝肾之阴充盛，则相火得以制约，静而守职。

4. 疏泄封藏互用互制 肝主疏泄，肾主封藏，两脏存在互用互制的关系。肝气疏泄可使肾气闭藏而开合有度，肾的封藏则可制约肝的疏泄太过。疏泄封藏相反、相战，调节生殖功能。

肝肾功能若不达精诚合作，必致病变。肝肾精血损亏，造成鸡因耳闭对应激无反应或反应迟钝。因肝阴不足，肝阳上亢，肾阴不足，相火偏亢，造成肝肾阴虚火旺，鸡惊鸣久久不止。因肝肾精血不足，并阴虚火旺，造成鸡产蛋下降，受精率下降。

（十）脾与肾

脾与肾的关系实指后天之精与先天之精的关系。《景岳全书·论脾胃》："人之始生，本乎精血之源；人之即生，由乎水谷之养。非精血，无以立形体之基；非水谷无以立形体之壮。……是以水谷之海本赖先天为之主，而精血之海又必赖后天为之资"，由此言可知，先天精血之源靠后天水谷精微滋养，肾之精血充盈，才能生殖繁衍。这就是先天之精和后天之精互相滋生之道理。对于肾脾之关系，《医门棒喝》说："脾胃之能生化者，实由肾中之阳气之鼓舞；元阳以固密为贵，其所以能固密者，又赖脾胃生化阴精以涵育耳"。这就充分说明了先天温养后天，后天补养先天，脾肾相互依赖的关系了。

脾与肾的关系还体现在水液代谢方面。脾主运化水液，关系到鸡体津液生成与输布，需要有肾阳的温煦蒸化作用；肾主水，司开合，在肾气肾阳的作用下，维持周身水液代谢相对平衡，又依赖以脾气的运化协助。

脾肾互用互利，也在病理上互有波及。若脾气虚弱，运化失健，水谷精气匮乏，肾精则不足，鸡便溏，育成鸡发育迟缓，产蛋鸡蛋期无蛋。因脾气虚，脾气失健，而肾阳虚，气化失司，造成水液不得正常输布，下降糟粕障碍，致使鸡感寒、萎缩成团，成鸡脸肿并呆立。

二、六腑之间关系

腑与腑之间的关系是以传化水谷为其流程式运化，各腑与奇恒之腑各自忠于职守，在五谷通过时分别发挥腐熟、吸收、传注作用，将鸡体所需的清净精微物质吸收后，使余下的糟粕排出体外。它们的运化过程是：胃主受纳腐熟，胆泌、藏、供胆汁给小肠，胰泌、藏、供胰液给小肠，以协助小肠分解糜食为小精微物质。小肠受盛化物，最后腐熟，泌别清（营养物）浊（废物），受纳（吸收）精细清净水谷精微，以供鸡体生命之所需。胃的通降之职将食糜之残余传注于小肠，小肠运化后传盲肠为先，直肠为后，最终腐熟、受纳清净水谷精微，余之粪便排注鸡泄殖腔与泄殖腔内尿液混合，经泄殖腔壁回收部分水液，废物最后经肛门至体外。

六腑在生理上相互联系，在病理上互相牵连、波及。任何一腑失司而不畅通，都会引起水谷传化失利，并会影响前后互通水谷之腑生理功能。胃肠传化功能的特点正如《黄帝内经·素问·五脏别论》所说："六腑者，传化物而不藏，故实而不满也。所以然者，水谷入口，则胃实而肠虚；食下，则肠实而胃虚。"由此可见，若胃肠皆虚，则无谷运化，生气衰少；若胃肠皆实，则谷不能受，气机闭阻，无以运化，无以运转。正因为胃肠虚实更替，才使胃肠畅通。也正因为有胆、胰、胃、肠泌液，并输注津液至小肠，才使小肠腐熟生化、排泄功能得以实现。为此古代医学用两句话概括"六腑以通为用""腑病

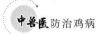

以通为补"，可见腑通为顺，腑阻塞则为病症。

三、脏与腑之间的关系

脏与腑的关系，实际上是阴阳的关系，表与里的关系。脏主藏精气，属阴；腑主传化水谷物质，属阳。脏为里，腑为表。一脏一腑，一阴一阳，一表一里相互配合，并有经脉相互络属，从而构成了脏腑之间的密切往来，在病理上也造成互为牵连。

脏腑之间的主要关系是经脉络属和表里配合，即五脏对应。

（一）心与小肠

心与小肠的经脉互相络属，构成一脏一腑的表里关系。在脏腑生理功能正常的情况下，心气常态，有利于小肠气血的充盈，保证了小肠分别清浊、受纳精微物常态运行，以补充血液，助心气正常循环。在病理情况下，若小肠有热，行经脉而上熏于心，则引起心火上炎，鸡喙角糜烂；若心经有热，循经脉下移小肠，引起鸡尿少、便硬、便难，粪白少黄多，以至脱肛。

（二）肺与大肠

肺与大肠通过经脉互相络属而构成一脏一腑的表里关系。肺气的肃降，有助于大肠传导功能的运行；大肠传导输送功能的正常，又有助于肺气的肃降。肺与大肠互惠互利，各自生理功能得以正常发挥。

事物是一分为二的，有利必有弊，如大肠湿热，腑气不通，则可影响肺的肃降，产生肠胀等症；如肺气肃降受限、受阻，津液不能下达，可见大便干，鸡出现脱肛现象。

（三）脾与胃

脾胃共同的生理功能是化生水谷，两者有经脉相互络属，构成一脏一腑的表里关系。脾主运化，胃主受纳、腐熟水谷；脾气主升，胃气主降；脾属阴，胃属阳；脾本性为恶湿喜燥，胃本性恶燥而喜湿；脾胃五行中均属土；二者一升一降，一阴一阳，一湿一燥。它们相辅相成，平衡阴阳，也才能够共同主司，完成消化、吸收，输布水谷精微，排出糟粕。

脾胃和睦共业，其原因之一是，升降相因，没有矛盾。脾胃之气运动的基本特点是脾气主升，胃气主降，二者相反相成。脾气升，行运化之职，则能为胃行其津液，胃司受纳、腐熟之职。胃气下降，则水谷下行，才能做到胃虚肠实，胃才能再受纳，并脾气再升。脾升胃降，周而复始，鸡才能摄食维持生命的精微物质。其原因如《临证指南医案》说："纳食主胃，运化主脾；脾宜升则健，胃宜降则和……太阴湿土，得阳始运；阳明阳（燥）土，得阴自安。脾喜刚燥，胃喜柔润也"。

脾胃在病理上相及。若运纳失调，出现脾失健运，必导致胃不受纳，或胃与脾气不和，又导致脾运失常，均可造成腹胀腹泻，消化不良。若升降失常，则造成脾气不升，中气下陷，导致胃气失和，脾运失常。《黄帝内经·素问·阴阳应象大论》讲："清气在下，则生飧泄，浊气在上，则生䐜胀。"若燥湿失调，必脾湿太过，或胃燥伤阴，都可导致脾运胃纳失常。

（四）肝与胆

"肝胆相照"说明两者之间关系密切。两者的生理功能同主疏泄。肝主疏泄，并泌胆汁，贮于胆，并且调畅气机，促胆排汁于小肠。胆主疏泄，指胆汁排泄畅通，肝方能再泌胆汁并贮藏。可见肝胆正常，胆汁分泌和排泄才正常。肝胆主疏泄表现在另一方面是主勇怯。勇怯，即胆量大小，决断如何。《黄帝内经·素问·灵兰秘典论》指出："肝者将军之官，谋虑出焉。胆者，中正之官，决断出焉"。禽有无勇怯之说？笔者认为有，品种不同，勇怯不同，鸭、鹅胆大拒危，即勇。

在病理上肝胆互系。若肝失疏泄，必影响胆汁分泌与排泄；相反，胆汁排泄不畅同样影响肝之疏泄。两者失常，则鸡出现肝胆火旺、湿热病变。

（五）肾与泄殖腔

对肾与泄殖腔的关系，目前未见任何文献的记载。笔者认为，肾与泄殖腔的合作主要体现在同主尿液上。水液经肾的气化，浊者下降于鸡泄殖腔，由泄殖腔贮藏后再行气化，水液上升至血脉，浊者与残渣混合，经肛门排出。鸡泄殖腔生理功能与膀胱有别，尿液在泄殖腔内又一次升华，而余下的是固体尿，而并非液体尿。因此，鸡肾的气化作用比牛、马、猪更重要。

在病理上，若肾虚，气化失常，或固摄无权，则影响尿液在泄殖腔内水液蒸腾上升，鸡便会出现水泄。

(六)胰与脾、小肠

胰主分泌津液，贮藏津液，为小肠输布津液。胰泌津液主要是酶液催化物，可分解蛋白质、脂肪、糖类。此3种津液输入小肠，与小肠液同时分解食糜，转化成的水谷精微被小肠吸收并进入血脉。

在病理上，脾运化失司或不利，胰泌液絮乱或失泌，小肠无催化津液，化生水谷精微障碍。小肠则升清无源，降浊不浊，鸡出现严重消化不良、新陈代谢速度迟缓而导致鸡体消瘦，并且造成后天之精不得濡养先天之精，致繁衍不利。

第六节　气、血、髓、津液

气、血、髓、津液是构成鸡体的基本物质，同时也是维持鸡体生命活动的基本物质。气是在不断运动而往往被人眼看不见的，极其细微的物质；血是循行于各种脉管中的红色液体；髓是通过髓管分布于机体的白色膏状物质；津液是循环于鸡体内一切运化的水状液体之总称。气、血、髓、津液既是鸡体内脏腑器官所分泌的液态混合性物质，又为脏腑、经络的生理活动提供了必需的物质和能量，是机体组织器官生理活动的物质基础，生命运动的必需精微物质。

气、血、髓、津液化生机理、输布规律、生理功能、病理变化及其相互关系的学说，称为气血髓津液学说。这一学说是探索并揭示机体内脏腑、经络等生理运动和病理传变、变化的物质基础。

一、气

(一)气的概论

春秋战国时期我国哲学家认为,气是构成宇宙最基本的物质,同时也是"精神之根蒂"。《庄子·知北游》说:"通天下一气耳。"气被引用到中兽医学中认为,气有三重性:物质性、运动性、生命性。

气是构成鸡体生命的物质。物有形为物质,气在常态下不被人所视,为无形之状态。我们的祖先最早发现天气降、地气升聚为可视之物,即云。正如,《周易·系辞》所说:"精气为物"。《黄帝内经·素问·气交变大论》所讲:"善言气者,必彰于物"。先哲将气物统一,已被现代化学所证实。这类事例举不胜举。如汽油为液态物,挥发为气。

(二)气是生命有机体的基本物质

人、马、牛、羊、禽、虫都是由天地合气而产生的,气是生命有机体的基本物质。

具有生命的有机体生成,正如《黄帝内经·素问·宝命全形论》所说:"天地合气,命之曰人"。《医门法律·明胸中大气之法》也说:"天积气耳,地积形耳,人气以成形耳。唯气以成形,气聚则形存,气散则形亡"。由此可见,具有生命的有机体的人与动物(当然包括禽类),都是由气在特定的外因(外界)条件下形成的。

生命是天地气交的产物。《周易·系辞》讲:"天地氤氲,万物化醇;男女媾精,万物化生"。《景景室医稿杂存》文中指出:"混沌初开、气分阴阳,天气轻清,地气重凝,人物亦禀气而生"。由以上两则论述可见,人及动物的生命是由天之阳气、地之阴气相交为最精华精微之气相聚而成。这里的气,即现代有机物之先体、根蒂。

中医、中兽医由古至今都认为,人、禽及其他具有生命的动物同草木一样,是自然界(天地间)的产物,是由天气降、地气升而交感而成。因此,每一个动物的形态,气血髓津液的运化,脏腑、经络活动,阴阳之气的运动变化皆与天地大同。为此,人与禽等动物的生理活动与自然相应，方能生存。《黄帝内经·灵枢·岁露论》说："人与天地相参，与日月相应"。

综上所述，禽体内因存在至精至微的气，是构成禽有机体的基本物质，也是维持生命活动的基本物质。气聚而生，死散而亡，是气的基本功能所在。

（三）气的生成

1. 气生成之源　精气主要是由先天之精气与后天之精气所合而生成。脏象中讲的先天之精和后天之精与此并不矛盾，精与精气都为精微。禽雏自啄开蛋壳始，首项任务是吐故纳新，得到后天之精气的清气濡养。清气即是以氧气为主的，天地间生成的自然之气（空气），经肺入心，输布于禽体五脏、六腑，维持生命体的活动。笔者于1997年6月用刚出壳的中华宫廷黄鸡50只做试验，不供水食，观察其依赖母体营养的生存时间，发现96小时死亡3只，104小时死亡13只，113小时死亡23只，118小时死亡8只，131小时死亡3只。由此可见，幼雏依赖母体营养和清气最长能生存5日多。换句话讲，先天之精要靠后天之精协同维持新的生命体。

2. 先天之精气的生成　《中医基础理论》（童瑶主编）讲："人之未生，本于先天之精气，而肾主先天之气，为生气之原；人之既生，依赖后天之精气……"。按西兽医学，先天之精气，禀受于父母之宗传。雏出生前已生成精源，出生后在肾先天之气濡养下，形成精气为先天之精气。

3. 后天之精气生成　脾胃为气血生化之源泉，气血生成又源于水谷之精气。《医宗必读·肾为先天本脾为后天本论》讲："一有此身，必资谷气。谷入于胃，洒陈于六腑而气至，和调于五脏而血生，而人资之以为生者也，故曰后天之本在脾"。由此可见，后天之精气，主要是六腑对水谷运化之水谷精微濡养生命之大成。

（四）气的运行规律

气的运动方式称气机。气的升降、出入是气的基本运动形式。

禽体内之气是具有强活力的极精微物质，是生命必需的因素。

《黄帝内经·灵枢·脉度》对气的运动形式和生理功能明示："气之不得无行也，如水之流，如日月之行不休……如环之无端，莫如其纪，终而复始，其流溢之气，内溉脏腑，外濡腠理"。

1. 气的运动形式与生理作用　气升，即自下而上。气降，即自上而下。气出，即由内向外。气入，即由外向里（体内）。对此，《庄子·至乐》说："万物皆出于机，皆入于机"。

对于气运动的作用，《黄帝内经·素问·六微旨大论》中说："出入废则神机化灭，升降息则气力孤危。故非出入，则无以生长壮老已；非升降，则无以生长化收藏。是以升降出入，无器不有"。正因为有以上所说的气的运动，才能产生禽的正常生理活动，维持生命存在，才使宗传物种不绝灭。

气、血、髓、津液的运动互依互存。髓在血、津液中运行，气、髓是血、津液的动力，血、津液又是气的载体；无气、髓、血、津液无行；无血、津液，气无路可行而废。气、血、津液供奉髓聚海，即，元神之府；元神之府缺气、血、津液供奉，则神智受损，神智不明。

2. 气机的行动与脏腑的运动　气机升降、出入推动脏腑生理功能，使其发挥司职。脏腑中气机升降的一般规律是：升以而降，降以而生；升中有降，降中有升。五脏化生，贮藏精气，以升为主。六腑受盛，化物传导，以降为顺。

脏腑之气升降运动的动态平衡是维持正常生命活动的关键。正如《黄帝内经·素问·六微旨大论》中说："故无不出入，无不升降，化有大小，期有远近，四者之有而贵常守，反常则灾害至矣"。气机升降、出入平衡协调的生理状态，称气机调畅。若气的升与降、出与入出现平衡失调，则鸡体异常，出现病理状态，称气机失调。

气机失调原因：气流动障碍，称气机郁滞。气升降失调的，称气逆、气陷。气出入失调的，称气闭、气脱。气机失调会导致脏腑出现5个问题：肺失宣降，脾气下陷，胃气上逆，肝气郁结，肾不纳气，心肾不交。

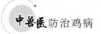

（五）气的生理功能

气是鸡体生命活动的物质基础。正如《难经·八难》中所说："气者，人之根本也"。

气的生理功能，主要表现在以下 6 个方面：

1. 气推动体成熟、性成熟 气中元气是推动鸡体成熟、性成熟的根本。元气源于肾中精气。元气是何种气？《医学源流论·元气存亡论》说："至所谓元气者，何所寄耶？五脏有五脏之真精，此元气之分体也。"元气推动、促使鸡由雏的五脏、六腑、奇恒之腑生长、发育，使各组织器官生理机能完善，以达到体成熟、性成熟。

鸡体成熟、性成熟必须有血、津液的循环，而血、津液是在气的推动下生成与输布的。

《景岳全书·诸气》说："血无气不行，血非气不化"，由此可理解，气是化生血的组成部分，气化作用又可谓生血动力，气推血循环于鸡体周身。气血关系为，气行血动，血止气停。

脏腑泌津液又在气的推动下输布于鸡体组织器官，且浊水排出体外也依赖气的推动。气与津液的关系是，气行则水液必行，气止则水液停止。

2. 温煦作用 气推动鸡体脏腑的运动生成阳气，使体温在四时变化中保持一定限度的恒温。鸡体具有相对平衡的恒温，才能适应四时气候，才能将摄入的水谷清气进行腐熟，化生为水谷精微；有了水谷精微才能濡养脏腑，脏腑器官也才能化生血、津液、髓；血、津液、髓循环周身又能推动经络联系，协调周身器官的运动。

气的温煦失常，会出现两种情况：一是，由于阳气偏衰，产热必不足。病理表现为寒，出现鸡体寒，体温低下，体远端爪垫凉；为此，鸡必喜阳光。二是，阳之气化过度而生热，即气郁化热，气实化热。故《黄帝内经·素问·刺志论》所言："气实者，热也；气虚者，寒也"。

3. 防御作用 禽的防御作用是综合气、血、津、液、髓和脏、腑、经络、肌肤、皮羽及八窍各自生理功能共同实现的。但是，气对于抗御邪气入侵起着主要作用。

鸡体气机正常，气运顺畅，必然防御外邪强盛，即抗病力强。正如《黄帝内经·素问·刺法论》说："正气存内，邪不可干。"若气机失常，气运受阻，便会如《黄帝内经·素问·评热病论》所言："邪气所凑，其气必虚"。

正气，即指精气、元气充足。正气充足不但能防御外邪之气，而且对已入侵邪气仍有驱逐或战胜之用。若正气不足，难于却邪，病后难于速愈。此正如《类经·疾病·卷三十九》所说："正气不足，邪气有余，正不胜邪，病必留连不解……正气内强，则根本无害，逼邪外出，则营卫渐平。"

4. 固摄作用 固摄，即固护、控制、统摄之意。固摄作用有：一是，固摄血液。《薛氏医案·吐血》说："血之所统者，气也。"因气统血，才能保障血在脉中正常循环，防止逸出脉外。气摄血与统血之脾、藏血之肝气化相系。若气不摄血，可导致各种出血。脾气虚则不能运化，因而脱陷妄行；肝不能收摄荣气，使诸血失道妄行。二是，固摄津液。气可固摄禽之尿、唾、胃肠液等液体，并可控制其泌量、排量，促进新陈代谢正常运行，防止津液无故流失。固摄尿液关键在肾气封藏，固摄胃肠液主要靠脾胃之气充盛。气不摄津，多由肾与膀胱（泄殖腔）气虚所致；禽因粪尿混排，则出现便汤现象。《素问经注节解·阴阳应象大论》指出："气固蕴于精而又非气不摄。"肾主藏精，具有贮存、闭藏精气的生理功能，防止精液妄泄。若气不摄精，可导致遗精、阳痿早泄、滑精。鸡出现雄踩雌背不交尾，或者交尾如蜻蜓点水之势，精黏肛门外羽毛，可见无入阴道，行不实之动作。

5. 气化作用 气化，即气的变化，由量变到质变。气的升降、出入运动使气化达到质变。鸡不断由体外摄取水谷、清气，将体外物质转化为水谷精微而化生为精、气、血、髓、津液，用以濡养组织器官，达到体成熟、性成熟，做到繁衍后代、生产肉蛋。

气化失常，影响精、血、髓、津液生成，造成新陈代谢和吐故纳新失常。严重气化失常，则造成生命危险。

6. 营养之气的作用 具有营养作用的气主要来源于脾、胃、小肠升华的水谷精微之气。水谷精微的精华部分称为营。营气的作用，《黄帝内经·灵枢·邪客》说："营气者，泌其津液，注之于脉，化以为，以荣四末，内注五脏六腑"。若气的营养作用不足，可导致脏腑、经络、形体、官窍等营养不良，致使生理功能减弱，出现症状如《黄帝内经·灵枢·邪客》所说："上气不足，脑为之不满，耳为之苦鸣，头为之苦倾，目为之眩……"，鸡出现行走头摆尾摇。

气的推动、温煦、防御、固摄、气化、营养作用是密切配合、相辅相成的，是统一的，是整体生命运动的组成部分。

（六）气的分类

《黄帝内经》将之前各种气的学说统一为"气本一元论"，为中医、中兽医奠定了气及精气学说的理论基础。本节主要论述元气、宗气、营气、卫气及脏腑、经络之气。

1. 元气（真气） 元气又称原气，是鸡体内最基本、最重要之气，根源于肾气，包括元阴、元阳之气。《脾胃论·脾胃虚则九窍不通论》说："真气又名元气，乃先身之精气也，非胃气不能滋之"。《医学源流论·元气存亡论》对于元气的性质说："所谓定分者，元气也，视之不见，求之不得。附于气血之内，宰乎气血之先，其成形之时，已有定数"。

元气，以先天之精气为根基，由肾中精气所化生，又依赖于后天水谷之气所培育。元气也要不断化生、充盈。元气是以三焦为输布通道，输布于脏腑、经络、形体、官窍的各个组织器官，发挥其生理功能。

元气主要生理功能有 2 个：一是，促使鸡体生长发育，达到体成熟、性成熟同步，繁衍后代。若肾中充盈，元气必化生有源，鸡体必有生殖、繁衍之功能；反之，则只能维持生命，无力繁殖。二是，推动、调节脏腑、经络等组织器官生理功能的发挥。

元气包括元阴（命门之水）、元阳（命门之火）之气，它们是对立统一的矛盾，相生相克运动，从而使五脏六腑之气化生，进而新陈代谢旺盛，即生命力强盛。如果肾中精气虚损，元气不足，元阴、元阳之气推动脏腑、经络等器官功能失衡，鸡体会出现病变。

2. 宗气（大气） 肺吸入自然界的清气聚于胸中，为宗气。胸中又称"膻中""气海"。

宗气的分布。《黄帝内经·灵枢·刺节真邪》说："宗气留于海，其下者注于气街，其上者走于息道。故厥于足，宗气不下，脉中之血，凝而留止"。由此可见，宗气是由肺入脉，又入心，输布周身。宗气是以血为载体运行。此论与《现代兽医生理学》相吻合，肺带氧之血入胸静脉，入心脏，由心脏推布全身，浊气由心入肺而排出。

宗气对于维持鸡体的生命及新陈代谢具有重要意义。《医门法律·明胸中大气之法》说："或谓大气即宗气之别名。宗者，尊也，主也，十二经脉奉之为尊主也"，同篇文中又指出："其所以统摄营卫、脏腑、经络、而令充周无间，环流不息，通体节节皆灵者，全赖胸中大气为之主持"。

鸡的视觉、听觉、触觉、声音和活动均依赖宗气。《读医随笔·气血精神论》说："宗气者，动气也。凡呼吸、语言、声音，以及肢体运动、筋力强弱者，宗气之功用也。"

鸡宗气运行正常，必精神反应灵敏，动作敏捷；反之，反应迟钝，行动缓慢。

3. 营气 营气又称荣气。营气行于肺与气囊之中。营，即营舍、营运、营养之意。《黄帝内经·灵枢·经脉》说："脉为营"。《黄帝内经·灵枢·营气》说："营气之道，内谷为宝。谷入于胃，乃传之肺，流益于中，布散于外，精走者行于精髓，常营无已，终而复始，是谓天地之纪"。对于营气，《医门法律·营卫之法》讲其特点和生理功能："营气根于中焦，阳中之阴，行至上，随上焦之宗气降于下焦，以生阴气。营气以其出于上焦之清阳，故谓清者为营也。营气静专，必随上焦之宗气同行精髓……故为太阴主内，营行脉中也"，可见营气受宗气统摄，肺得来清气与后天谷气合为营气。营气运行于脉中，循环无端。因为营气富含营养，能促进体貌、形态显现健康，所以被《黄帝内经·素问·痹论》称"荣者"。

4. 卫气（悍气） 卫，有保护、护卫之义。卫气的生成与营气同源，源于水谷之精气。《黄帝内经·素问·痹论》说："卫者，水谷之悍气也，其气慓疾滑利，不能入于脉也，故循皮肤之中，分肉之间，熏于肓膜，散于胸腹。"卫气是水谷精气中活力强、流动快的气。《医门法律·明营卫之法》说明了卫气的特点："……卫气出于下焦，谓其所从出之根柢也。卫气根于下焦，阴中之微阳，行至中焦，从中焦之阴有阳者，升于上焦，以独生阳气，是卫气本阳之气，以其出于下焦之浊阴，故谓浊者为卫也。"

卫气生理功能：一是，温养作用。卫气行于脉外、皮下，能温养皮肤、羽毛、肌肉及内脏，并能维持鸡体体温相对恒定。卫气本阳之气，具有温煦之功。二是，调节体温，司开合。鸡无汗腺，保温时常选择温度较高之地，体缩自温少散；降温时张口、呼出热气，多饮水，多排尿。三是，防御作用。肌肤腠理是外邪侵入的主要途径，同时也是机体抗御外邪的主要屏障。《黄帝内经·灵枢·本藏》说："卫气和，则分肉解利，皮肤调柔，腠理致密矣。"由此言可见，卫气充足，肌肤、羽根固密，使外邪不能侵入鸡体。

5. 脏腑、经络之气 脏腑、经络之气同为精微物质。

脏腑、经络之气的生成是以先天之精为基础，鸡雏没有出壳前依赖蛋（母体）中后天生成之精微物质（营养）而形成了脏腑、经络之气。出壳后脏腑、经络之气，又靠脾、胃和小肠化生的精微谷气濡养，使脏腑生长发育、功能健全。

脏腑、经络之气的功能。《医学源流论·元气存亡论》指出："五脏有五脏之真精，此元气之分体者也。"这种气有阴、阳气之分。五脏之阴气，即五脏之阴起着成形和化生精、血、髓、津液之功能，并滋润、宁静、濡养各种组织器官，并扶阳之生成。五脏之阳气，即五脏之阳，促使气化和新陈代谢正常运行，起着温煦、兴奋的作用。

二、血液

血液是由各种营养组成的精微物质，是维持生命运动的基本有机物质。血液在气的推动下以脉络为通道循环，流注周身。

(一)血液的生成

血液的化生基础物质是水谷精微与清气。《黄帝内经·灵枢·决气》说："中焦受气取汁，变化而赤是谓血。"此"中焦受气"的气是指脾胃与小肠化生的水谷精微之精气，也可称之为营气；此"汁"，主要指脾胃、小肠化生的津液。概括而言，即鸡摄取的食物经过胃、脾、小肠化生为精微物质，并进而化生为鸡体所需的营养成分。

血液的生成与摄取的食物和自然环境有关。鸡摄取的食物营养合理、全面，则化生血液充足；食物质量低劣、缺少必需氨基酸等物质，化生血液量少而质量差。自然环境主要指温度、空气质量与水质。鸡体适宜的温度范围为18℃（5～25℃），温度过高或过低对化生血液都有影响。鸡呼吸的空气，清气（氧气）充足，而浊气（氨气、二氧化碳、一氧化碳）不超过指标，化生血液质量高；反之，不但影响血液数量、质量，而且血液可能有残毒、副作用。水质适宜鸡的生理需要，则化生的血液质量高，促进鸡体健康；反之，影响鸡体健康。

肾藏精，精足则化生血液；精气生元气，元气促脾、胃、小肠化生血。

(二)血的生理功能

血的生理功能主要体现在濡养神志。

1. 血为先，形容脏腑旺 鸡体羽毛丰满，脏腑生理功能正常而运行具有规律，这必是由血液供应濡养充足所至。《东医宝鉴·内景篇·卷二》讲"血为荣"，并指出："内经曰，血为荣。荣于内，目得血，能视。足得血，而能步。指得血，而能摄。"鸡的脏腑、形体、八窍、两足、两翅、百骸，无一不是在血的濡养、滋润之下而发挥其

生理功能的。

血濡养充盈表现为羽毛丰满、有光泽，肉冠、肉垂透红，反应灵敏，动作敏捷，体膨胸胀。《景岳全书·血证》说明血的濡养作用："故凡为七窍之灵，为四肢之用，为筋骨之和柔，为肌肉之丰满，以至滋脏腑，安神魂，润颜色，充营卫，津液得以通行，二阴得以调畅，凡形质所在，无非血之用也。"

2. 血养神志　　在论血养神志前，首先要将鸡有神志搞清楚。鸡的啄食、行走、飞翔、浮水归于先天之精、后天水谷精微濡养；而它们行动的目的、方向则为神志行为。鸡虽不如人、猴、犬那样神志清明，但同样具有神志行为。

《黄帝内经·灵枢·营卫生会》指出："血者，神气也。"《黄帝内经·灵枢·平人绝谷》又说："血脉和利，精神乃居。"可见血液供应充足，神志活动才反应灵敏。血养脏腑，腑生水谷精微和津液后供脏生血，血养脏生神志，所以神志血养。

3. 气行血动，血载气行　　《东医宝鉴·内景篇》说："夫血譬则水也，譬则风也，风行水上有血气之象焉。盖气者血之帅也；气行则血行，气止则血止……气有一息之不运，血有一息不行。"以上之言说明了气血相配合，血才在脉中流注；气不行，血不动；血不载气，气无路可行。气血共存互用，缺一则无生命。气血亏损为病，缺一也是病。因此在治疗上，调气方能补血。

三、髓

髓是形固实液的物质，介于肉与液之间。髓与血液、津液同等重要，具有十分重要的生理功能。这在我国古代医学书籍中均有体现。《汉书·前汉·艺文志第十》中记载《黄帝内经》《白氏内经》《扁鹊内经》等内容说："医经者，原人血脉、经络、骨髓、阴阳，表里以起百病之本，死生之分；而用度箴石汤火所施。"这说明，汉代之前医者对脑髓生理功能很重视。汉代以后，明代医界提出脑髓为"神明之心"，李时珍称"脑为元神之府。"清代王清任提出："灵机记性不在心在脑"。现代西医、西兽医将髓（神经）与血脉（心血）混同看待，为什么现代中医、中兽医却冷落了它？

（一）髓的生成

髓的生成与血、津液基本相同。《永乐大典医药集·髓》中讲："胃生髓，坎为髓"。《黄帝内经·素问·五脏生成论》："诸髓者皆属于脑。脑为髓海，故诸髓属之"，解精微论篇："髓者骨之充也，故脑渗为涕……肾生髓，髓生肝。脑为髓之海，是太阳经入络于海，故五谷之精津和合而为膏者，内渗于骨孔，补益于脑髓"，此讲"五谷之精津和合而为膏者"指脾、胃、小肠将水谷化生为水谷精微，水谷精微濡养脏腑，在肾中濡养先天之精，精与充余津液为髓。正如《医林改错·脑髓说》中所说："因饮食生气血、长肌肉，精汁之清者化为髓，由脊骨上行入脑，名曰脑髓。"概括而言：肾藏精，精汁（津液）生髓，即为肾生髓。

（二）髓的生理功能

1. 髓主生长发育 雏鸡出壳后生长发育不但与气、血、津液濡养有直接关系，而且与髓之补益也是直接关联的。《医林改错·脑髓说》中说："看小儿初生时，脑未全，囟门软，目不灵动，耳不知听，鼻不知闻，舌不言；至周岁，脑渐生，囟门渐长，耳稍知听，目稍有灵动，鼻微知香臭，舌能言一二字；至三四岁，脑髓渐满，囟门长全，耳能听，目有灵动，鼻知香臭，言语成句。"人如此，鸡亦如此，但鸡脑之髓充之早而快，因此，一般5～6月龄鸡达体成熟和性成熟，开始具有繁殖能力。

鸡体生长发育的快慢受摄纳水谷中营养成分的制约。若水谷营养满足生长发育需要，则体成熟、性成熟正常；若水谷营养不足，则体成熟、性成熟延迟。脑髓足时方体成熟、性成熟，母才能产卵，公才能配种。

鸡的生长发育成熟与气、血和津液有绝对关联，尤其是与液关系更为密切相关。

2. 髓主内脏运化 鸡的脏腑散布着白色膏状髓。鸡共有4条线髓布入胸腹脏腑器官。第1条是由腰椎骨孔延伸,络于肝、脾、胰、小肠;第2条胸腰髓,入胸络于心和肺;第3条是荐尾髓,络于卵巢、输卵管或睾丸;第4条肠线髓,通往泄殖腔和肠道。

以上4条线髓通往禽体各脏腑器官,司渎脏腑化生,转化血液、津液,使血液、津液正常散布,供应机体各个部位,推动新陈代谢旺盛。

内脏髓线与脑髓、脊髓是有区别的,它们一般不受思维意识控制,是有规律的,如同植物生存方式,自主运行,因此又称植物线髓,或称自由线髓,此被现代医学称自主神经(植物神经)。

3. 脊髓主骨与肌肉的活动 脊髓散布从颈椎经胸椎、腰椎至尾椎,具有4条。第1条是背髓,通行于翅,主翼肌肉、皮羽;第2条是腹髓,通于翅中各骨及关节。第1、2条合作展翅飞翔。第三条是腰髓,主荐骨、肌肉与皮肤;第四条是荐髓,主腿足之骨、肌肉与皮肤。第3、4条合作,共主鸡行、奔、抱之行动。髓在禽体络属,如血脉,脉到髓即到。

四、津液

津液是指鸡体内水液的总称。液泛指能流动、有体积、无形状的物质。津液即体内各脏腑、组织分泌的液体物质,如胃液、肠液、胰液、胆汁、腺体的各种激素等,以及五脏分泌的汗、泪、涕、涎、唾等。

津液分别为津与液两类物质。津为清稀状物质,流动快,面积大。在体内散布于皮肤、肌肉和孔窍中,并渗入血脉发挥滋润作用。液的性质稠厚,浓度高,流动性小而慢,主要灌注骨关节、脏腑、脑等处,发挥濡养作用。津液同属于鸡体内液体,同源于水谷,在生理上两者之间互补共存,病理上也相互影响,故合称津液。

(一)津液的基本概念

津液的生成、输布、排泄称津液代谢,或称水液代谢。对于津液复杂的代谢过程,《黄帝内经·素问·经脉别论》指出:"饮入于胃,游溢精气，上输于脾，脾气散精，上归于肺，通调水道，下输膀胱，水精四布，五经并行"，由此可见，津液的代谢是由脏腑共同合作完成的。

（二）津液的生成

津液来源于鸡摄入的水谷中所富含的营养物质（中兽医称精微）。这些营养物质通过鸡的嗉囊、腺胃、肌胃、小肠、大肠、脾的作用，被腐熟为水谷精微，经血液供给脏腑，再生成津液。

生成津液的器官很多，如生成酶的胰、生成胆汁的胆，生成雄激素、雌激素的睾丸、卵巢，以及甲状腺、肾上腺等腺体。

（三）津液的输布

津液的输布，主要指津液在鸡体内部的转运和散布过程。它是依赖于脾、肺、肾、肝和三焦等器官的综合作用而完成的。

脾的运化，将津液输入肺，通过肺的宣发将津液散布全身，濡养脏腑。脾气推动和调节津液的转运和散布，中兽医学对此称"脾气散精"。脾的运化停止，就会出现水液停止，则会出现上火、郁结病症。

肺为水之上源，功能是"同调水道"。《血证论·阴阳水火气血论》指出："盖津液足则胃上输于肺，肺得润养，其叶下垂，津液又随之而下，如雨露之降，五脏戴泽莫不顺利，而浊阴全消，亢阳不作，肺之所以制节五脏者如此。"由此可见，肺在平衡津液代谢方面起着重要的作用。

肾主津液之说，源于《黄帝内经·素问·逆调论》，"肾者水脏，主津液"。肾依靠精气的蒸腾气化作用，推动脾、肺、肝、小肠及三焦清者上输肺，通过肺散布津液；浊者，生成尿液下注泄殖腔，经泄殖腔运化上输一部分，余下的残水与粪混泄出肛门。

肝对津液的输布正如《医经溯洄集》所言："气行则水行，气滞则水滞"，肝主疏泄，调畅气机，而津液依赖于气机的升降、出入运动，气行而津布散，所以说肝的疏泄功能有助于津液的新陈代谢。

三焦者，决渎之官，水道出焉。三焦是津液在鸡体内流注、输运、散布的通道。若三焦的气化功能正常，必水道通利，津液便会畅通无阻，散布周身；三焦失利，津液通利必不畅。

（四）津液的排泄

鸡无膀胱，同时也无汗腺，因此，津液的排泄主要通过以下2个途径。一是，津液通过肾、尿管转化成尿液积于泄殖腔，泄殖腔内尿液经蒸腾、气化将部分津液入血回收，另一部分经肛门排出。鸡粪下黑上白，上白（矢白）部分为尿，下黑（矢黑）部分为粪便。二是，津液在鸡咽部大量分泌，当鸡遇舍外高温时便张口加速呼吸，将水清者留，经肺宣发，浊者呼出。

（五）津液的生理功能

1. 津液化生为血　《黄帝内经·灵枢·痈疽》说："中焦出气入露，上注溪谷，而渗孙脉，津液和调，变化而赤为血。"津液入血脉不但起着滑润、濡养血脉之功能，而且与营气相合，才能经心、肺气化，化赤为血。一旦脉血外溢，津液立刻补充血液。

2. 滋润、濡养鸡体组织器官　津液稀，对体内起滋润功能；液稠厚，以濡养作用为主。津和液两者互转互化，相互依存，是不可分割的水液。

3. 调节鸡体体温　一年四季，春、夏阳长阴消，气温高，对于体温高于哺乳动物的鸡来说，津液更为重要。鸡本身多通过多饮冷水、排便和张口急促呼吸散热。肺气宣发，肾主津液，散热负担重，一旦两脏失利，对鸡有致命危险。秋、冬季节阴长阳消，气温低，则鸡体表增长羽和毛，以减少排便来顾护阳气，使鸡体温相对恒定。

4. 运载全身之气　津液入血，与血同为气的载体。津液属阴，气属阳，无形之气必须依附于有形津液，气才能产生散失运动。当鸡因气温高、湿度大，便稀或便汤时，津液必失，气会脱散，便形成"气随液脱"之症。

五、气、血、津液、髓的关系

鸡体内气、血、津液、髓均来源于肾藏先天之精、肺吸入的清气和脾、胃、小肠将水谷化生的水谷精微等3部分营养物质，这些物质都是构成鸡体和维持其生命的基础物质。气、血、津液、髓之间存在着相互依赖、相互转化的互惠、互利关系。

（一）气与血之间的关系

气血关系，《张氏医通·诸血门》指出："盖气与血，两相维附。气不得血，则散而无统；血不得气，则凝而不留。"气血互相依赖，气为阳，血为阴，缺一则无能存在和运行。在司职上，各主不离，"气为血之帅""血为气之母"。

1. 气能生血　气能生血，水谷是原始原料，气化作用是血液生成的动力，通过脾、胃、心、肺及小肠等器官的气化功能，将水谷转化为水谷精微，再化生为津液与营气，营气与津液通过气化转为赤血。可见由水谷清气转化为血的过程，即气化过程。因此，中医、中兽医学讲："气旺则血充""气虚则血少"。在临床治疗上，补气生血也为此理。

2. 气能行血　气阳血阴，在血脉中产生循环运动，即血行。为此有"气为血帅""气行则血行，气滞则血瘀"之说。因此，在临床治疗上"调气为上，调血次之"。

3. 气能摄血　气的固摄作用使血液正常流行于经脉之中，而防止其逸出脉外。气摄血之理在《薛氏医案·吐血》中有明示："心生血，脾统血。非心脾之体，能生血、统血也，以其脏气之化力能如此也。"气虚不能固摄血液，导致的各种出血，称为"气不摄血"。因此，临床治疗上以补气来摄血，达到止血目的。

4. 血载气行　血液有形，气无形，气必须附着在有形的血液上，才能运行在脉络中而不致失散。此正如《血证论·脉症死生论》所说："载气者，血也，而运血者，气也。"血不载气，气则行散无所归宿。临床上鸡失血过多，气无依附而随之外脱，便会发生"气随血脱"之症。血为气之母，其理就是气脱血无存之意义。

5. 血生气　气血运行的过程同样需要新陈代谢、自我更新，气的更新是血生。气的生成是以清气、水谷精微生的血液为物质基础。

通过五脏化生精气而达到气的更新。鸡体无论何种器官与组织必受气血濡养，血无生气衰，气无升血止，故《黄帝内经·素问·调经论》说："故气并则无血，血并则无气。今血与气相失，故为虚焉"。

（二）气与津液之间的关系

气无形而动，属阳；津液有质而静，属阴。气与津液的关系与气和血的关系相似。津液的生成、输布、排泄依赖气的升降、出入运动和气的推动、温煦、固摄、气化功能。气的生成赖于津液与血为源，气的运动依神志（精神）司动，津、血液为载体。

1. 气生津液，津液化气　津液的生成依赖于气的动力和物质基础。由水谷清气化生水谷精微，到水谷精微化生津液都是气机化生。在气化生津液过程中，是以脾胃气化作用为主。如果脾胃气虚，则引起津液化生不足，常出现气（阳）津（阴）两伤之症，鸡行动迟缓。

津液通过三焦运行于全身，三焦主气、水通畅，津液在运行中得肾生元阳之气蒸腾，化生为气。

2. 气摄津液，津液固气　气固摄作用能控制津液分泌量与排泄量，防止津液同血溢出脉外，流失。津液流，同样气散；反过来，津液有固气之功能。在临床上，若气虚则排津液多，失津液，应补气固液。

3. 气行津，津载气　"气行则水行"，因为气是津液生成的动力，津液生成、输布都依赖于气化功能发挥。津液的输布依赖于肺、脾、肾、肝及三焦之气的动力功能，将津液散布于脏腑，发挥濡养功能，流行至形体（指皮、肉、筋、骨、脉）及官窍，形成骨关节液，产生泪、涕、唾、涎等液体。新陈代谢的废物，经肺、肾、肠的气化，转为尿排出。如果气虚或脏腑失司，则造成液阻气停，即称为"气不行水"或"水停气滞"。

津载气。气存津液之中，依附津液运化。《研经言·原营卫》说："荣行脉中，附丽于血；卫行脉外，附丽于津。"气有营气、卫气，才有行路，才不至涣散而不收摄。当温度超过30℃时，鸡便汤，张口急呼，失津液损气，此称为"气随液脱"，危生命。

（三）血与津液之间的关系

津血同源，即指生成所需原始物质、化生脏器相同及化生方式无异。《读医随笔·气血精神论》讲："津亦水谷所化，其浊者为血，清者为津，以润脏腑、肌肉、脉络，使气血得以周行通利而不滞者此也。"

津血同源有六流走向，津液是血的组成部分，血的部分液体渗于脉外，则为津液。在病理上，伤血必伤津液，因此，称"夺血者无汗，夺汗者无血"；在治疗上，《伤寒论》讲："亡血家不可发汗"。由此可见，津血由于同源，必产生津血同病。

（四）髓与气、血、津液之间的关系

髓与血液、津液同属液态，同属于散布脏腑、形体、官窍的物质。

气、血、津液生髓。气、血都是由脏运化生成髓的精微物质。

髓帅血液与津液。脊髓受损，则津液、血液供给不足，濡养不足。

髓渍血、津液、气。例如针刺皮肤，疼痛之感觉为髓之功能；刺破流血，为血液、津液之显现。此理乃为髓、血、津液、气同行于皮肤之间，髓统血、津液、气，阻散失，并修复。

总而言之，气、血、津液生成髓，为三母生一子，子（髓）成熟又统母，共济维持生命之生存与生产繁殖。

第七节　鸡体经络

经络同样是鸡体内组织结构的重要组成部分。鸡体内气、血、津液的运行，髓、神志反应，脏腑器官的功能活动，以及它们相互之间的协调联系，是通过经络输送传导、联络调节的功能而实现的，并使每一个个体成为一个有机的整体。

研究经络的生理功能、病理变化及与脏腑的相互关系，目的是能

够辩证地分析预测病机病理，更确切地用药施治。

一、经络的脉络组成

经络是鸡体内经脉和络脉的总称。在内连于脏腑，在外连于筋肉、皮肤。对于经络，《黄帝内经·灵枢·海论》指出："内属于脏腑，外络于肢节"。经络贯穿于鸡体的所有器官、形体、官窍，是遍布全身的一个系统。

鸡为卵生动物，其经络是否与马、牛、羊等哺乳动物相同？由形体看，既无证据肯定，也无事实否定。从鸡体的解剖结构来看，它具有五脏六腑，与哺乳动物相同，但四肢中前肢已进化为翅，多了9个气囊，仅有独阴。可以肯定鸡体具五脏、六腑，必具经络。下文试将鸡的经络论述如下：

（一）经脉

经脉包括十二经脉（十二经别）和奇经八脉。十二经脉指两翅的三阳三阴经，两后肢的三阳经三阴经，为十二主经脉。奇经八脉指任脉、督脉、冲脉、带脉、阴维脉、阳维脉、阴跷脉、阳跷脉。

（二）络脉

络脉包括十五大络脉、孙脉、浮络和血络。十五大络脉包括每条正经之络，并有任脉、督脉之络和脾的大络，合而称为十五大络脉。十五大络脉是络脉之主体。由十五大络脉分出的斜的横的分支，又称络脉。从络脉分出的细小分支为三级络脉，称孙脉。络脉中浮于体表的，称为浮络。表皮可视的细小血管，称为血络。

（三）经络脏腑属络关系

经络与脏腑直接联系，称为隶属的"经"，同时与其相表里的脏腑相联系，称为"络"。所有阳经（六条）皆经脏而络于腑。十二经均属脏腑络属关系。经络的关系，是通过经络的交叉、交会以及复杂的循环来完成生理功能的。

（四）经络外联关系

经络和体表组织相联系，主要由十二经筋和十二皮部完成。经筋是经脉所连属的筋脉和肌肉系列，即十二经脉及其络脉中气、血、津液所濡养的肌肉、肌腱、筋膜、韧带等，功能为连缀四肢百骸，主司关节的运动。皮部是经脉及其大络脉所属孙脉、络脉在体表的分布部位，即经络的皮肤分区。因为经脉、络脉、经筋、皮部功能紧密相连，所以肢节动而自如。

二、经络在鸡体的功能

经络布络周身的组织和脏腑，在生理功能、病理变化、药物和针灸治疗方面都发挥着重要作用。

（一）生理功能

经络的生理功能是依赖于"经气"的作用而实现的。所谓经气，是循于经络之气，是相互贯通之气。各经脉之气与各脏腑之气是相连相通的。由于经与经，经与络，以及经与经筋、皮部通过不同的渠道互相沟通，而信息也能互相反馈，因此，鸡体整体机能的平衡才得以实现。

1. 调配输送气血　鸡体的组织器官经气、血、津液濡养才能发挥生理功能。而气、血、津液必须通过经络的传注，并调配其量，才能使脏腑不失其职。通过经络的传注，得到脏腑、组织的信息，经络方能调配气血，予以平衡濡养，使机体整体具有活力，方能发挥机体抗御外邪的功能，以适应生存环境突然的变化。对于经络配行气血，濡周身之意，《锦囊秘录》言简意明地说："经脉者，行血气，通阴阳，以荣于身者也。络脉者，本经旁支而别出，以联络十二经者也。本经之脉，有络脉交它经，它经之脉亦由是焉。人身之气，经盛则注于络，络盛则注于经。得注周流，无有停息，与天同度，终而复始"。

2. 协调脏腑、体内体外　经络司气血运行，也使各脏腑之间、脏与脏之间、腑与腑之间互为联系，并使内与外、里与表相连，由此而达到机体和谐、平衡和统一。经络的生理功能使每一个鸡体都能达到机体上下贯通，左右交叉相连，并使鸡体脏腑、组织适应天地环境，完成生命的存在，宗谱之系传。

3. 护卫肌表，抗御外邪 经络在运行气血的同时，卫气同样得到濡养器官的充盈，而能正常地运行。卫气伴行于脉外，温煦脏腑、腠理、皮毛，护卫体表，起到抵抗外邪的作用。经络行径体内，而且也络于肢节、皮、羽根、羽管，并予以濡养，如气充足，经畅通，络散布周密，防卫能力强盛，即有外邪则正气而胜，邪气而败退，鸡体必健康，反之则呈现病态。

（二）病理副作用

事物是一分为二的，有利也有弊。正常情况下，经络对鸡体有助于健康，但也会带来疾病的发生和传变的副作用。

1. 传导病邪 关于经络传导病邪的说明，《瘟疫论·原病》讲："胃为十二经之海，十二经皆都会于胃，故胃气能敷布于十二经中而营养百骸。毫发之间，弥所不贯。凡邪在经为表，在胃为里。今邪在膜原者，正当经胃交关之所，故为半表半里。其热淫之气，浮越于某经，即能显某经之症。"由此可见，经络能营养百骸，一旦病入胃内，便可入经而致相应病症。对于鸡的普通疾病和瘟疫，经络起着发病、传变的副作用。

2. 反映病变的特点 临床诊断鸡病是由表知里。里，即脏腑及其他器官。鸡发病常为里病表显，里病外显。表，即鸡的八窍、皮羽、翅肢。如心病外显于肉冠，肝病外显于目，肾病外显于耳、听力，脾病外显于口、食量等。里表也好，内外也罢，都是经络相系所致。

（三）临床归经治疗

主要介绍归经用药与针灸这两方面。

1. 中药归经初始 根据《中药归经理论及临床实践》（吴茂文，1994）介绍，中药归经出自《神农本草经》《黄帝内经》。《黄帝内经》："夫五味入胃，各归所喜攻，酸先入肝，苦先入心，甘先入脾，辛先入肺，咸先入肾，久而增气，物化之常也，气增而久，天之由也。"由此可见，五味应五腑之络，首将中药归经是《黄帝内经》。

2. 中药归经的继承和发展 从《黄帝内经》载经络归药性之后，

到《医学启源》的"引经报使理论"，再到《随症治病用药》的"药之有引经，如人不识路径者用向导"之说，奠定了归经用药的基础。清代《要药分析》开始确立归经用药。此后，归经用药得到了临床的普遍认同。清代韦协梦也明确指出："并有经络，某药入某经，或兼入某经。"

3. 中药归经的作用　中医、中兽医流传的谚语，说明了中药归经的特点，谚语是"学医不知经络，开口动手便错，盖经络不明，无以识病症之根源，究阴阳之传变，如伤寒三阴三阳皆有部署。百病，十二经脉可定死生"。

归经用药，即根据脏与腑所系之十二经脉用药，如指脏、指腑即为指经。例如手少阴心经，指心，即指手少阴之经；如足阳明胃经，指胃，即足阳明之经。

归经用药是指某些药物对某个脏或腑起着主要药性的作用，此作用即经络的传递功效。比如同为泻火药，由于被不同的经络传递而各经由别：黄连泻心火，黄芩泻肺及三焦火，柴胡泻肝火，石膏泻胃火，黄柏泻膀胱火。这就是药物归经，或称为按经选药。

归经用药之引经药的作用是"如人不识路径者用向导"。各经络有各经络引经药，例如，桔梗引药上行，入肺经；牛膝引药下行，入肝、肾二经。引经药可促使归经药更好地发挥药物的治疗功效。

4. 归经用药对治鸡病的意义　按脏腑寻经络是中兽医疗病之特色，按脏腑之归经用药便是按经络归属用药。归经用药体现鸡经络之大用途。

（四）针灸治疗的原理

现存的鸡的针灸穴位图，是针灸治鸡病的确切经络依据。针刺鸡体表某穴位，外治内脏疾病，就是借助于经络的感受和传导作用。针灸治病已在我国久传至今，其原理就是"循经取穴"以治疗某经或合经之病，其因是利用经络感传作用，由经络调配气血濡养经之脏腑，恢复其生理功能，发挥司渎之职。

第二章 神志和形窍的关系

本章内容实属鸡体解剖生理之范畴，因《中兽医学》无此详论，但通过笔者养鸡 30 多年感悟，神志和形窍与饲料管理，尤其是诊病、防病之关系很大，为阐述新论而单立一章。

中医自古至今讲情志、形体、官窍，鸡和人相比较，从五脏、六腑到形体、官窍都有很大区别。情志远比人低等很多，但它们同样具有情志，如果不存在情志，它们在复杂的自然环境中无法存活。除母鸡自孵雏和公鸡护群时可见情志之存外，其他方面情志表现较弱。为将鸡与人相区别，将鸡的情志、形体、官窍称为"神志和形窍"。

鸡的神志，泛指鸡的思维对客观环境的应对反应活动。鸡的形体指中医所讲的皮、肉、筋、骨、脉，或称"五体"。窍，即官窍，指耳、目、鼻、口、喙、舌、咽、独阴。因为禽没有前阴，前后阴功能由一阴完成，所以称独阴。

第一节 神 志

一、神志的来源

神志源自先天和后天两方面。

（一）先天性

鸡的神志首先产生于鸡的先祖在适者生存的环境中所固定的先天之精（遗传基因），即我们俗语中的"先天之性"。对于神志的先天性，中医所指的七情五志中已概括，德国的海尔在《宇宙之谜》之"细胞的灵魂"中更进一步说明了先天性这个问题："人类和其他动物一样，其最古老的祖先是单细胞的原生动物……任何一个人和一个后生动物（任何一个多细胞的'组织动物'），在其个体存在的开始都是一个简单的细胞，即种细胞或'受精卵细胞'。这一受精卵细胞从一开始就有灵魂。"这里所指的灵魂即思维，也就是我们所说的神志。

雏鸡初生后很多动作都是神志操纵之先天性行为。雏鸡出蛋壳只要能站立，马上去找食物和水，并寻找温度适宜的地方聚集。笔者1964年在山上放羊时观察到一窝9枚野鸡雏出壳，它们在挣扎出壳后不到5分钟就站立，而后又啄树叶吃起来。当笔者去捕捉时，它们在丛林中乱窜起来，逃跑了。这些例子足以说明禽的神志是先天存在的。

（二）后天性

后天性是指鸡在所处的环境，当然也包括鸡在人工选择的压迫下失去自由，而产生或学习而来的神志行为。

恩格斯在《自然辩证法》一书中说"鸟的口部器官和人的口部器官肯定是根本不同的，然而鸟是唯一能学会说话的动物，而且在鸟中是最讨厌声音的鹦鹉说得最好。我们别再说鹦鹉不懂得它自己所说的是什么了……但是在它的想象所及的范围内，它也学会懂得它所说的是什么"。由此可见，禽（鸟）很多行为是神志赋予并在后天学而知之的。虽然它们不如人那样记性好、记忆牢，但通过重复多次固定人的声音、响动、动作，它们也能认识主人（饲养员）、地理位置、食物、饮水及其他物体。

二、神志的产生与存在

神志并非是虚无的，而是随时随地对客观的反应和应付，或称应答。鸡所处的客观环境与人和其他动物一样，受时空和季节变化的约束，鸡还要承受人对其不适宜行为的压力，它必须以存在决定意识，拼命地适应，不然就会被淘汰。在这个适应过程中，神志功能起着其他任何组织生理功能不可替代的作用。

唯物辩证法讲精神变物质，物质变精神。这里的精神即神志。神志是由何而来，并生存的呢？《橘旁杂论·七情皆听命于心》明确指出"心为喜，肝为怒，脾为思，肺为忧，肾为怒，此为五志。尚有悲属肺，惊属心，共为七情"。由此可见，产生五志七情的是五脏。对于产生的五志七情如何应对才可为适应？《黄帝内经·灵枢·本神》中指出"任物者谓之心，心有所忆谓之意，意之所存为之志，因志而存变谓之思，因思而远幕谓之虑，因虑而处物谓之智"。此言是将神志产生、进化的五步转化规律和应对反射的功能是"智"告诉了我们。智，即智慧。智慧对于人而言是创造、解决或处理的方法、办法。对于禽及其他动物来说，是如何适应、对抗、回避而求生存，达到种的宗传。

笔者认为七情之说不完善，应增脑为应，应即应答反应。

三、神志的精华——智慧

对客观反应的程度以及主观对事物的应对能力、方法，即为智慧。因此，智慧为神志之精华。鸡存不存在智慧？仅举几例说明。

例一，初生雏鸡遇冷则扎堆相聚，用体温互相取暖。

例二，一般鸡舍中比较安静，当陌生人进入时，立刻由先见者惊叫引起群鸣不息。

例三，庭院养几只鸡（公鸡），当陌生人破门而入时，鸡会"鸣叫"告知主人，并试图"攻击"陌生人，以驱赶其出门。

这三例都体现了鸡的神志功能，都说明鸡具有智慧。通过现象反映智慧，通过智慧产生现象。

（一）智慧的产生

明代之前，认为情志发生于心，而应于五脏。《类经·疾病类》说"心为五脏六腑之大主，而总统魂魄，兼该意志……"。明代开始产生异议，《本草纲目》中明确指出"元神之府"脑海之论。

智慧来源于同一事物的两方面。鸡发现猫时，首先通过视觉和听觉反馈于脑，脑根据先天和后天经历贮存的信息，判断猫是敌是友，判断为敌，然后决断是抗拒还是逃跑，在判断正确与否和决断行动中都体现了鸡的智慧。鸡的这种反应体现髓（神经）之作用，如应对、逃跑，则为气、血、津、髓，以及产生气、血、津液、髓的各脏腑、形体的通力合作之作用，即整体观。因此，五脏生五志七情，脑髓汇聚五志七情，产生智慧。

四、神志在鸡中映像

马、犬、猫存在五志七情。鸡同样具备五志，只不过反映在相貌上与其他动物不同，有它独特的表现方式。下面列出鸡的五志。

心为喜。鸡喜面无表情，行有动作，常是轻轻拍击翅膀，边拍击，边左右摇摆尾巴。鸡在沙浴时，羽松摆动全身，是舒服而喜悦之动作。

肝为怒。鸡怒头高仰，全身毛立，翻毛，眼圆瞪，目不转睛地盯着对方，全身做好准备攻击或逃跑的姿势。

肺为思。鸡思颈举高而喙向下垂，头低，目似视而不视，有时小声叫而身不动，偶遇声立刻虚惊而无方向目标的环视，视后而行动。

脾为悲。鸡悲静立、静卧，咽中发出低而长的"咕咕"叫声。此悲声多见于傍晚或夜间。鸡悲往往是气候将突变的前兆。

肾为恐。鸡恐会惊叫、惊飞，并且声高或向所见物的反方向聚集。鸡恐也有无声而虚惊的现象。鸡恐颈伸长，头前探，后肢前倾，翅展飞，在笼中则乱窜。

第二节　形　　体

鸡形体呈流线形。形体有广义和狭义之别，广义形体泛指形体结构的组织器官，包括头、躯干、肢、翅、羽、冠、五脏、六腑等，有形可视之组织。狭义的形体，指中兽医特定意义的"五体"，即皮（羽）、脉、筋、骨、肉，是构成形体的主要组织。

鸡体经络贯穿于形体和脏腑之中，气、血、津液、髓运行于整个形体与脏腑之内，其中营气泌其津液与卫气行于脉外，循行于皮肉、筋骨之间和脏腑被膜之中。正是由于气、血、津液、髓的运行、分布，才能将脏腑化生的精、气、髓、津液输布形体，对形体产生滋养、推动、温煦和气化作用，使形体完成其生理功能。

五体与五脏的关系是，五体依赖五脏濡养。《黄帝内经·素问·平人气象论》说："脏真散于肝，肝藏筋膜之气也""脏真通于心，心脏血脉之气也"，"脏真濡于脾，脾藏肌肉之气也""脏真下于肾，肾藏骨髓之气也"。《黄帝内经·素问·经脉别论》说："肺朝百脉，输精与皮。"五脏不但养五体，养者必主司之。《黄帝内经·素问·宣明五气论》说："心主脉，肺主皮，肝主筋，脾主肉，肾主骨，是谓五主。"《活兽慈丹》更进一步说明了脏元五体。文中说："心华在毛有谁知，肝华在蹄不相离，脾华在口须仔细，肺华在皮不差移，肾华在齿是大义，察看色华辨忧虑。"

脉有经脉、络脉之称，见前文所叙。因此，本节仅讨论皮、肉、筋、骨四体的结构与生理功能。

一、皮羽

哺乳动物全身覆盖皮毛，鸡全身裹围皮羽。皮羽与肺和十二经脉密切联系。鸡皮一般为白色，肤色随同羽色，也有黄（三黄鸡）、黑（乌骨鸡）之别。

（一）皮羽结构

鸡皮肤质地坚韧致密，布满了羽囊，而不具备开合汗孔。皮肤与肌肉之间的膜称腠，腠内称腠理。羽种类不同，品种色各有所异。鸡羽种主要分为两类，即片羽和针羽，片羽覆外，针羽藏内。羽种长在翼上称翼羽，长在尾部呈镰刀状称镰羽，长在颈上、头上的称尖羽。中华宫廷黄鸡爪上生翼羽，称足羽。

（二）皮羽的生理功能

1. 防御外邪入侵　鸡的皮羽由于有一定的厚度和弹性，并裹围紧而严密，不但能防御病邪入侵腠理，抵御外力的刺破、压力，并且能增加触觉面积，保护皮肤的洁净和腠理、内脏的功能。

鸡防御外邪和外力依靠皮肤布满的髓线和经络。因为鸡羽根注于皮的肌肉，并有血液濡之羽管，所以触觉比针毛动物敏感，一触即觉，一觉立刻裹围周身之羽紧缩于肌肤，形成一个保护层，甚至一个沙粒、一滴水侵羽便有反应，使其不得接触皮肤。因此，鸡皮羽防范之能力较强。

2. 调节血、津液代谢 皮肤之腠理为三焦之舍，血、津液靠三焦调达。如果皮肤腠理疏密适中，对血、津液流注、排泄有利，即新陈代谢旺盛。鸡腠理荣羽，由皮羽便可知鸡内脏情况。

3. 调节体温 鸡羽一般春脱，秋、冬长，以使鸡适应温度变化。鸡秋生大部分羽，自做"保温被"，抗寒、抗外邪入侵皮肤。如果鸡春不脱羽毛，秋不生羽毛，均属异常之体，必有病邪附体，或者是摄得食物营养成分不足、不佳，难以越冬。

（三）皮肤与肺卫气相系

肺朝百脉，输于皮毛。鸡若肺气亏损，则皮羽凌乱、稀疏、无光泽。《黄帝内经·灵枢·经脉》说："手太阴气绝，则皮毛焦。"

哺乳动物是一呼一吸的单呼吸，而鸡为一吸一存，体内呼吸一次，体外气体交换一次的双重呼吸，肺的宣发、肃降功能均超过哺乳动物。鸡皮羽的生成所需营养多而质高；对肺的依赖更强，所以羽皮护卫更强盛。鸡一旦遇到侵入肺脏之病，比哺乳动物难于医治。

卫气循行于脉外腠理，调控腠理，抗御外邪。《黄帝内经·灵枢·本脏》说："卫气和则分肉解利，皮肤调柔，腠理之密矣"，《医旨绪余·宗气营气卫气》说："卫气者，为言护卫周身……不使外邪侵入也"，均表明对于禽除肺本脏和系之经络外，卫气濡养护卫皮羽也很重要，不得忽视。

二、肌肉

肌肉指膜、肌肉、脂肪、微脉管、微线髓、筋的总称。肌肉具有保护内脏、贮存能量和其他营养，抵抗外邪入侵和运动之功能。肌肉与脾相系。鸡肉色浅红，胸和大腿分布最多。

（一）肌肉的结构

肌肉位于皮肤之下，附着于骨骼上。肌肉的纹理，称肌腠，和皮肤纹理共称为腠理。肌肉与肌肉之间大的凹陷称谷，小的凹陷称溪，合称为溪谷。溪谷大多数是穴位所在之处，同时也是气聚汇之处，故《黄帝内经·素问·气穴论》说："肉之大会为谷，肉之小会为溪，肉分之间，溪谷之会，以行荣卫会大气"。

（二）肌肉的生理机能

肌肉的生理功能有三：

1. 保护内脏　《黄帝内经·灵枢·五变》中说："肉为墙"。此比喻形象地说明了肌肉具有保护脏腑、组织器官的功能。鸡胸腹腔中充满了脏腑和其他组织器官，外受骨和肌肉保护。

2. 抗御外邪　外邪侵入肌体，腠理为最可靠之屏障，但是这种抗御外邪作用依赖气血津液的畅通、卫气充足和经络通畅，一旦某项失司，都将给外邪造成侵入的机会。若恶劣环境超过皮肉之抗御极限，鸡将会患病。

（三）肌肉与脾的关系

脾主肌肉，是指脾能化生精气而养肌肉。《黄帝内经·素问·五脏生成论》注说："脾主运化水谷之精，以生养肌肉，故主肉。"《脾胃论·脾胃盛衰论》中说："脾胃俱旺，则能食而肥；脾胃俱虚，则不能食而瘦……脾虚则肌肉削……。"肌肉削，运动量必受影响。人、畜、鸡均如此。动物体内含肌肉的重量（或称体积数）与运动的力是呈正比的。肌肉多，力大而运动持久；肌肉少，力小，运动无强力。

三、筋

中兽医的"筋"，包括现代西医解剖学所说的肌腱、韧带、筋膜。筋具有连接和约束骨关节、主运动、保护内脏的功能。在五脏中肝与筋相系。筋色白，质地坚而有韧性。

（一）筋的结构

《黄帝内经·素问·五脏生成论》说："诸筋者，皆属于节。"鸡与人和哺乳动物相同，骨关节中筋多，因此，《黄帝内经·素问·精微论》称"膝为筋之府"。筋在禽翅和腿分布最多，形虽同，但部分活动范围不同，长短、粗细不等。

（二）筋的生理功能

连接和约束骨关节。筋附于骨而聚于关节，在骨与骨的连接处由筋加以包裹约束而形成关节。当鸡飞翔时，翅膀的伸屈动作主要是筋的作用。因为有筋，鸡才能做飞、奔、行、浮的运动。

（三）筋与肝的关系

根据《黄帝内经·素问·宣明五气论》中"肝主筋"，可见筋为肝系。

肝主一身之筋。《黄帝内经·素问·经脉别论》说："食入胃，散精于肝，淫气于筋"，《黄帝内经·素问·平人气象论》又说："脏真散于肝，肝藏筋膜之气也"，可见得精气，精气布散筋，即濡养筋；又可见肝之精气虚，筋不能得到濡养则有病变。

肝主筋，肝病必然筋不安。《黄帝内经·素问·气厥论》说："脾移寒于肝，痛肿筋挛。"《黄帝内经·素问·痿论》还说："肝气热则胆泄口苦，筋膜干，筋膜干则筋急而挛，发为筋痿。"此表明肝病累及筋，治筋病定先治肝病。反过来，筋病也会引起肝病。《黄帝内经·素问·痹论》说："筋痹不已，复感于邪，内舍于肝。"

（四）筋与经络的关系

鸡全身十二经脉，每条经脉均络有筋，即十二经筋。经脉濡养经筋，经筋同样受经脉牵连；经畅通筋坚韧，经流注受阻，筋疏松无力，或指运动达不到位置。

四、骨

鸡的骨骼具有轻便性和坚固性。鸡全身骨骼由头骨、躯干骨、尾椎骨、前肢（翅）骨、后肢骨组成。鸡的骨质比哺乳动物疏松而薄，因此，重量轻。主要功能是支撑、运动作用，其次是保护内脏。骨与肾和髓关系密切。

（一）骨的结构

鸡的各块骨之间由筋包裹连接成一个整体支架。骨之间有骨关节，骨关节分可动关节和不可动关节。颈椎、前肢、后肢都是可动关节，其他为不可动关节。骨以中空腔状、圆锥状、扁长状为主。空腔状骨也称腔骨、脊柱骨，骨内有髓由胸椎至尾椎。因此，《内经》称"骨为髓之府"。骨有软骨和硬骨之分，软骨布于骨关节与骨关节接头处。

（二）骨的功能

骨支撑鸡体由关节连接组成鸡的整体。骨骼是保护内脏的一道屏障。同时也是让脏腑定位之君宅。骨是鸡运动以及运动方式、速度的根源所在。

（三）骨与肾髓的关系

肾主骨，主要指骨中髓为肾精化生，而骨骼的生长、发育、修复均依赖于肾精的滋养。若肾精充盈，必养髓，髓充足又必养骨。反之，因肾精虚衰，必通过髓而影响骨骼质量。因此，《黄帝内经·素问·生气通天论》说："因而强力，肾气乃伤，高骨乃坏。"

五、形体与水谷精微的关系

水谷精微，即营养。鸡体生长发育主要受后天水谷精微的约束。水谷精微只有适合鸡不同生长、生产期，鸡的形体方能达到标准；反之，则效果不佳。

水谷精微按现代营养学分，主要是指六大方面，即水、糖类、脂肪、蛋白质、矿物质和维生素。

以上六大类水谷精微对形体都是必需物质，决不可长期缺少，否则会影响鸡体健康。但是皮羽、肌肉、筋、骨骼对某些精微物质有特殊需要量。如骨骼生长期间，或高产、产蛋高峰期的鸡对矿物质中的钙、磷需要量大。如果不能满足需要，骨骼出现畸形或肢、翅骨折。

对此后面章节再讨论。

第三节　官　　窍

官和窍是鸡体内脏腑与自然界相交往的"窗口"（信息的"雷达"），或称之为"联系、联络官"。官指耳、眼、鼻、口、咽。窍是指孔窍、通窍的意思，如鼻孔、口腔等。中国古代有五官之说，即耳、目、鼻、口、咽喉，还有七窍之说，即口腔、两个鼻孔、两眼、两耳朵。另有九窍之说，即七窍再加上前阴、后阴。鸡只有八窍，与人、哺乳动物相比，两阴合为一阴，或称独阴。

鸡体的每一个窍都是动物在进化过程中保存下来的特定信息功能器官。它是每个生命个体与天地赋予的生存条件相通的门户，对内与经络、髓和脏腑相对应。《黄帝内经·灵枢·五阅五使》将官窍与五脏的关系描述为："鼻者，肺之官也；目者，肝之官也；口唇者，脾之官也；舌者，心之官也；耳者，肾之官也"，《黄帝内经·素问·金匮真言论》讲："北方黑色，入通于肾，开窍于二阴"，由此可见，官窍是有机生命体与自然相通的门户。门户和，则脏腑安，方能益窍脏。

鸡的五官八窍，即耳两窍，目两窍，鼻两窍，喙一窍，独阴（在此窍指肛门）一窍。

一、耳

（一）鸡耳的结构与功能

鸡外耳形如人耳，左右各一，司听觉；成鸡深0.7厘米，是清阳之气相通之处所。肾主要与耳相通。《黄帝内经·灵枢·脉度》说："肾气通于耳，肾和则耳能闻五音矣。"鸡的耳听力强而远，一般我们人不能听到的声音它能听到，这是它避敌逃跑的生存特点。鸡体形越小，听力越强，越敏捷。鸡对音的方位感比哺乳动物准确。

（二）耳与肾、髓、心、肝有关联

肾为藏精之脏，受五脏六腑之精而藏之，肾精充盈，髓满耳聪。如果肾精虚亏，就出现髓海不足，则脑转耳鸣。

心寄窍于耳。《证治准绳》中说："心在窍为舌，以舌非孔窍，因寄窍于耳，则是肾为耳窍之生，心为耳窍之客。"心属火，肾属水，心火、肾水互济互调，则清静精明之气上走清窍，耳受之则听斯聪矣。

（三）耳与三经脉相联系

人有耳诊之说，其因就是耳汇聚三条经络，而信息灵通之因。《黄帝内经·灵枢·邪气脏腑病形》就说"十二经脉、三百六十五路，其气血皆上于面而走空窍……其别气走于耳而为听"。其中，走于耳的经脉三路，即手少阳三焦经、足少阳胆经、手太阳小肠经。由于手足少阳均入耳，因此，少阳病，影响于耳，则病症出现。对于鸡，目前未见经脉之文献，只得借鉴人之说。

二、眼

眼，也称眼睛或目或眼球。眼司视觉。眼与五脏六腑皆有关，是一身精神之反映，因此出现成语"画龙点睛"之名词，但是眼与肝、心联系最密切。

（一）眼的结构与功能

鸡的眼长于头前，左右各一个，呈圆形。眼中间的圆孔称瞳孔（瞳子），瞳孔圆围黄黑色称黑睛，黑睛外圆围白色称白睛。眼的内角称目内眦，眼的外角称目外眦，眼上下称眼睑（约束）。眼内连于脑的束状物称为目系。

眼司视觉。《黄帝内经·素问·脉要精微论》说："夫精明者，所以视万物，别白黑，审短长"，此讲"精明者"即指眼睛。鸡的眼长得比较突出，且体呈流线形，因此它的视界比较宽阔，往往对它侧后物也能视之，故活捉鸡比较困难。

（二）眼为脏腑之精

《东医宝鉴·外形篇》说："五脏六腑之精气，皆上注于目而为之精。精之窠为眼，骨之精为瞳子，筋之精为黑眼，血之精为络，其窠气之精为白眼，肌肉之精为约束，裹撷筋骨血气之精而与脉并为系。上属于脑，后出于项中"，由此可见，眼睛是人及动物一身之精窍。

眼睛的五行、五脏、五轮归属关系：《痊骥通玄论·论说骨眼》说："五轮者，眼中一点黑睛属肾，名水轮；睛外黑珠属肝，名木轮；白睛属肺，名金轮；眼胞肉属脾，名土轮；眼中赤脉属心，名火轮，此是五轮也。"五脏尽管与眼都有直接相连，但与眼关系最为密切的仍是肝。《黄帝内经·素问·五脏生成论》说："肝受血而能视。"《黄帝内经·灵枢·脉度》中说："肝气通于目，肝和则目能辨五色矣。"在病理上，肝病往往反映于目，鸡患肝病目瞎者常见。

多经脉经注于目。足太阳膀胱经，起于目内眦。足少阳胆经，起于目外眦。手少阴心经支脉系目。足厥阴肝经，经连目系。手少阳三焦经支脉，至目外眦。手太阳小肠经，终于目内眦。除以上六经外，奇经八脉的任、督二脉，阴跷阳跷脉也都与眼相系。《黄帝内经·素问·五脏生成论》讲："诸脉者，皆属于目。"

三、鼻

鸡的鼻位于喙之上缘。鼻为呼吸之门户，司呼吸，助鸣叫，为肺之窍，与脾、肝、胆和经络都有联系。

（一）鼻的功能

鼻为呼吸之门户。鸡吸之气（清气）是通过鼻孔而入，经双重呼吸之浊气，又通过鼻孔呼出，因此，鼻是与自然界相通的，故《医学入门》说"鼻乃清气出入道"，为此称鼻为清窍。

鼻司嗅觉。鼻闻五谷之香，虫肉之腥，便蜂拥而上，蚕食之无，可见嗅觉发达。《黄帝内经·灵枢·脉度》说："肺气通于鼻，肺和鼻能知臭香矣"。

鸡公鸣母叫，因自咽中鸣管，但鼻孔同受一定阻塞，音不亮而闷声闷气。鸡感染呼吸道疾病，由鸡的叫声可辨。

（二）鼻与脏腑之联系

鼻为肺之窍，通过气之管道与肺连。肺之清气入心，与心门接连。《东医宝鉴·外形篇》说"肺在窍为鼻。五气入鼻藏于心肺，心肺有病，鼻为之不利也。"

鼻与脾胃关系同样密切。《黄帝内经·素问·刺热篇》说："脾热病者，鼻发亦。"鸡鼻孔无肉，不能见色，但可见干燥无润，显现孔大。

四、口舌

鸡无齿，仅有口舌，口又称喙，为角质化骨状。舌面角质化，有锯齿状回钩。

（一）口舌的功能

鸡因无齿，摄食物为喙吞。鸡因口内角质化，所以啄食物比较广泛，既能啄五谷，又能啄蛇、蜜蜂、蚂蚁、壁虎、蜈蚣，还能啄小石子、沙砾。它先啄物于喙，经过舌伸缩，用舌面回钩将食物送入食道。饮水则喙吸水入口腔，而仰脖、抬头自流于食道。鸡舌黏膜上有味蕾，但不发达，因此，鸡对食味选择较差，甜、辣、酸、苦都吃。这也是饮药液方便之处。

鸡鸣叫声响亮，雄鸡鸣叫时高昂头，张大口，舌不动，此与肺、气囊相关。

（二）口舌与五脏的关系

口为脾之窍。《黄帝内经·素问·阴阳应象大论》说"脾主口……在窍为口"。脾主运化，脾、胃、小肠腐熟化生水谷为精微，水谷精微化生血与津液，气血充足，鸡口舌正常；脾胃病变，鸡喙、口角易发炎结痂。

喙角质层与肾藏精气相关。肾生骨养骨，骨生角质层，肾精充足骨坚，骨坚喙实而韧，鸡啄食灵活敏捷，摄食必快。肾虚必然波及喙，脆而易损，影响食欲。

舌与心相连。《黄帝内经·灵枢·脉度》说："心气通于舌，心和则舌能知五味矣。"除心外，其他四脏皆与舌相系。《世医得效方·舌之病能》说："心之本脉系于舌根，脾之本脉系于舌旁，肝脉循阴器络于舌本，肾之津液出于舌根，分布五脏，心实主之。"鸡口中津液不在舌端，而在舌根两侧和喙的两根角。五脏之病常可波及舌，但鸡的舌小而硬，没有引起重视，未有辨病之说法。

五、咽喉

（一）咽喉的结构和功能

鸡的咽喉位于食道与呼吸道交叉处，当鸡饮水或吃食下咽时，咽膜封闭气管，鸡仰头将饮水或食物咽入食管，其他时间咽膜封闭食管，参与呼吸。鸡的咽喉比哺乳动物的简单。鸡无声带，是靠咽喉的下端后喉鸣管发出声音。咽喉除参与呼吸、采食外，还能协助发出不同的声音。鸡的咽喉主要是参与呼吸、采食。鸡的鸣叫有很多用意，如求偶、母呼仔、威胁同伴、争斗等。

鸡的咽喉除以上所讲的参与呼吸、采食、鸣叫 3 种功能外，还有 2 种特殊功能——润滑、散热。鸡口、咽泌液孔 8 个，其中在咽 6 个。鸡无牙齿，啄食后整食（即便是小石子）。假如干硬咽下，必会划破咽与食道，这就要靠口中、咽中的津液润湿，再行下咽。在此，津液起着助腐熟、保护食道的作用。另外，鸡皮羽致密不能开合排汗，体温高时，咽津液分泌多，蒸发，张口散热降体温，保持体温相对恒定。

（二）咽喉与脏腑的联系

《东医宝鉴·外形篇》讲："咽喉下接连胸中肺叶之间。嗌即咽之低处也，咽之嗌之高处也。咽接三脘以通胃，故以之咽物；喉通五脏以系肺，故以之候气，气候谷咽，皎然明白。"咽喉与胃是直接关系，与肺也是直接关系。肺纳清气，胃纳水谷，清气、水谷均为营养物质，咽喉是营养物质入口门户，乃为鸡体的重要官窍。

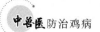

（三）咽喉之病皆属火

咽喉与 10 条经脉相通，与奇经八脉中的 4 条相连，是脉络循行之要冲。脉多，患病机会也多。《东医宝鉴·外形篇》说："内经曰一阴一阳结，谓之喉痹。注曰，一阴为心主之脉，一阳为三焦之脉，三焦、心主脉并络喉，气热内结，故为喉痹。一阴，肝与心包；一阳，胆与三焦。四经皆有相火，火者痰之本，痰者火之标也……咽喉之疾，皆属于火热，随有数种之名，轻重之异，乃火之微甚故也。"此言指出经由咽喉的 5 条经脉均有相火，咽喉之病皆属火。

六、独阴（在此指肛门一窍）

鸡的肛门位于体后，尾下腹上，由具有弹性的肌肉和皮肤组成，开口半圆形，上圆下直，因此，排出粪便也为半圆形。

肛门内与泄殖腔相通，外接自然天地。肛门功能已在"泄殖腔"部分中叙述，肛门具有排粪、尿、卵和交媾 4 种功能。

肛门与经络的关系不明。鸡的肛门与哺乳动物不同。目前，仅知鸡的肛门与肾经相连，其他不明。

第三章 药食同源治鸡未病

《黄帝内经·素问·四气调神大论》说："圣人不治已病治未病，不治已乱，治未乱"，明确提出"已病先防"的思想。在养殖业中，我国提出"预防为主，养防结合，防重于治"的饲养防病方针。下面，本章重点对鸡治未病立说。

第一节 未病学概论

治未病，首先要把"未病"的概念搞清楚。未病即无病、病而未发、病而未传三种状态。无病，即是我们所说的健壮的机体。清代《老老恒言·慎病》一书中说："以方药治未病，不若以起居饮食于未病。"病而未发，是指到疾病未发这一时段状态，也称"欲病"。欲病，是指鸡体之内已蕴含病理状态或已处于发病的萌芽，或已有发病先兆，也就是亚健康状态。病而未传，是指已发现病理状态，尚无进一步迁延、扩散，即在转归上未有脏腑经络间的相传，也未出现变延症候，对于将要被累及的脏腑来说尚属未病。所以，病而未传是指实已某脏腑已出现病症，但未传其他脏腑。正如张仲景在《金匮要略》中所说："见肝之病，知肝传脾"，表明已见肝病，知其将会传脾，但未见脾病，属于病而未传。

治未病不仅包括药物防治，还包括供应药食同源的饲料，扶正祛邪，创造适宜的生存生长环境，减少应激等。

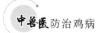

第二节　药食同源饲料原料

药食同源是中华民族中医、中兽医灿烂文化的瑰宝，是我国重要的非物质文化遗产，已传承几千年。之所以我国禽及家畜品种繁多，都与这一文化息息相关。

动物降生天地之前是靠母体供应营养生存，而后天生长发育、繁衍后代则主要是靠后天之精微濡养。后天之精的来源就是食物（对于鸡而言，也称饲料）。饲料的营养成分为水分、矿物质、蛋白质、脂肪、碳水化合物和维生素六类，通过鸡体脾、胃、肠的腐熟运化而营养五脏六腑及组织器官。

一、鸡的饲料原料

鸡的饲料配方中一般以玉米（玉蜀黍）、高粱、小麦、大麦、米皮糠等作为能量饲料原料，以大豆粕、亚麻粕、花生粕、菜籽粕作为蛋白质饲料原料，以石灰石（碳酸钙）、麦饭石、骨粉作为矿物质饲料原料，以苜蓿粉、松叶粉、树叶粉作为维生素饲料原料。配方中营养指标主要看能量、蛋白质（包括必需氨基酸、钙、磷、维生素等指标）。从中药、中兽医的角度看，鸡饲料原料中很多组都是药食同源的中草药。现根据《中药大辞典》（上海科学技术出版社，2012），列举部分鸡饲料原料的特性及用法用量。

（一）鸡用部分能量饲料原料

1. 玉米（玉蜀黍）

药性：甘，平。归胃、大肠经。

功能主治：开胃利尿。

营养成分：表观代谢能 12.3%～13.31% 兆焦/千克，粗蛋白质 7.2%～8.9%，粗纤维 3.1%～3.5%，钙 0.02%，有效磷 0.27%，赖氨酸 0.23%～0.26%，蛋氨酸 0.15%～0.19%，色氨酸 0.06%～0.08%。

2. 大麦

药性：甘，凉。归脾、肾经。

功能主治：健脾和胃，宽肠利水。

营养成分：表观代谢能11.21%兆焦/千克，粗蛋白质13%，粗纤维2%，钙0.04%，有效磷0.14%，赖氨酸0.44%，蛋氨酸0.14%，色氨酸0.16%。

3. 小麦

药性：甘，微寒。归心、脾经。

功能主治：养心，除热，止泻。生食利大肠。

营养成分：表观代谢能12.72%兆焦/千克，粗蛋白质13.9%，粗纤维1.9%，钙0.17%，有效磷0.21%，赖氨酸0.42%，蛋氨酸0.18%，色氨酸0.12%。

4. 高粱

药性：甘，涩，温。归脾、胃、肺经。

功能主治：健脾止泻，化痰安神。

营养成分：表观代谢能12.30%兆焦/千克，粗蛋白质9%，粗纤维1.4%，钙0.13%，有效磷0.12%，赖氨酸0.18%，蛋氨酸0.17%，色氨酸0.08%。

5. 粳米（稻谷）

药性：甘，平。归脾、胃、肺经。

功能主治：补气健脾，除烦渴，止泻痢。

营养成分：表观代谢能11%兆焦/千克，粗蛋白质7.8%，粗纤维8.2%，钙0.03%，有效磷0.12%，赖氨酸0.29%，蛋氨酸0.19%，色氨酸0.10%。

6. 糯米（江米）

药性：甘，温。归脾、胃、肺经。

功能主治：补中益气，健脾止泻，缩尿敛汗，解毒。

营养成分：表观代谢能11%兆焦/千克，粗蛋白质7.8%，粗纤维8.2%，钙0.03%，有效磷0.12%，赖氨酸0.29%，蛋氨酸

0.19％，色氨酸 0.10％。

7. 小麦麸（麸皮）

药性：甘，寒，无毒。

功能主治：除热止渴，敛汗，消肿。

营养成分：表观代谢能 6.82％兆焦/千克，粗蛋白质 15.7％，粗纤维 8.9％，钙 0.11％，有效磷 0.3％，赖氨酸 0.58％，蛋氨酸 0.13％，色氨酸 0.20％。

8. 米皮糠

药性：甘，平。

功能主治：开胃，下气，消积。

营养成分：表观代谢能 11.21％兆焦/千克，粗蛋白质 12.8％，粗纤维 5.7％，钙 0.07％，有效磷 0.2％，赖氨酸 0.74％，蛋氨酸 0.25％，色氨酸 0.14％。

（二）鸡用部分蛋白质饲料原料

1. 黄豆

药性：甘，平。归脾、胃、大肠经。

功能主治：健脾消积，利水消肿。

营养成分：表观代谢能 13.55％兆焦/千克，粗蛋白质 35.50％，粗纤维 4.3％，钙 0.27％，有效磷 0.16％，赖氨酸 2.22％，蛋氨酸 0.48％，色氨酸 0.56％。

2. 黑大豆

药性：甘，平。归脾、肾经。

功能主治：活血利水，祛风解毒，健脾益肾。

3. 赤（红）小豆

药性：甘，酸，微寒。归心、小肠、脾经。

功能主治：利水肿退黄，清热解毒消痈。

4. 绿豆

药性：甘，寒。归心、肝、胃经。

功能主治：清热，利水，解毒。

5. 蚕沙

药性：甘，辛，温。归肝、脾、胃经。

功能主治：祛风除湿，和胃化浊。

6. 僵蛹

功能主治：现作僵蚕代用品，对慢性支气管炎、脂肪肝、大脑发育不全、痉挛性瘫痪有一定疗效。

7. 落花生

药性：甘，平。归脾、肺经。

功能主治：健脾，润肺化痰。

8. 亚麻粕

药性：甘，平。归肝、肺、大肠经。

功能主治：养血祛风，润燥通便。

(三) 鸡用部分矿物质饲料原料

1. 石灰（生石灰）

药性：辛，苦，涩，温。归肝、脾经。

功能主治：解毒蚀腐，敛创止血，杀虫止痒。

2. 蚌粉

药性：咸，寒。归肺、肝、胃经。

功能主治：化痰消积，清热燥湿。

3. 猪骨

功能主治：止渴，补虚，解毒。

4. 牛骨

药性：甘，温，无毒。

功能主治：解毒。

5. 羊骨

药性：甘，温。归肾经。

功能主治：补肾，强筋骨，止血。

(四) 鸡用部分维生素饲料原料

1. 苜蓿（紫花苜蓿）

药性：苦，甘，凉。

功能主治：清热，利湿，排石。

营养成分：表观代谢能 3.51％兆焦/千克，粗蛋白质 14.26％，粗纤维 21.60％，钙 1.34％，有效磷 0.19％，赖氨酸 0.60％，蛋氨酸 0.18％，色氨酸 0.24％。

2. 松叶

药性：苦，温。归心、脾经。

功能主治：祛风燥湿，杀虫止痒。

3. 桑叶

药性：苦，甘，寒。归肺、肝经。

功能主治：通散风热，清肺润燥，清肝明目。

4. 榆叶

药性：甘，平。

功能主治：清热利尿。

5. 槐叶

药性：苦，平。归肝、胃经。

功能主治：清肝泻火，燥湿杀虫。

6. 草木樨

药性：辛，平。

功能主治：中和健脾，清热化湿，利尿。

二、饲料中常用的中药添加剂

饲料中添加中药添加剂，目的是防止鸡患各种疾病，促使鸡体卫气充盈，扶正祛邪，使鸡发挥其遗传性能以获得高产。下面介绍几种中草药添加剂。

1. 大蒜（胡蒜）

药性：辛，温。归脾、胃、肺、大肠经。

功能主治：温中兴滞，解毒杀虫。

用法用量：为防鸡群春瘟、夏暑、秋感，建议于春分、夏日入伏、秋分时节添加。方法是鲜蒜剥皮，捣碎或机械打碎拌匀于饲料中饲喂。按 0.3% 左右添加。

蒜很辣，但由于鸡味觉不发达，对辛辣食物不拒食。

2. 干姜

药性：辛，热。归脾、胃、心、肺经。

功能主治：温中散寒，回阳通脉，温肺化饮。

用法用量：粉碎后多按 0.3% 比例均匀拌于饲料中。秋季多喘咳，可用干姜粉，效果明显。寒冬季节用于健脾开胃，祛寒效果也很好。

3. 小茴香

药性：辛，温。归肝、肾、膀胱、胃经。

功能主治：暖肝，行气止痛，和胃。

用法用量：粉碎后均匀拌于饲料中喂鸡。适用 16 周青年鸡，可促进其性成熟。晚秋添加健脾温胃补肾护肝。用量：饲料量 0.3%，5 天为一疗程。

4. 花椒

药性：辛，温，有小毒。归脾、胃、肾经。

功能主治：温中止痛，除湿止泻，杀虫止痒。

用法用量：机械粉碎为面状，然后均匀拌于饲料中使用。用量0.2%，5 天为一疗程。一般春寒温中用。为驱内寄生虫，于青年鸡15 周龄投喂。

5. 辣椒

药性：辛，热。归脾、胃经。

功能主治：温中散寒，下气消食。

用法用量：红辣椒粉碎成面状，均匀拌于饲料中喂鸡。冬至天寒地冻，鸡食后健脾开胃，温中散寒健体，添加量 0.3%，5 天为一个疗程。为促进鸡多产蛋，可在产蛋率 50% 时，在日粮中添加 0.1%，没有毒副作用。

6. 百合

功能主治：养阴清肺，清心安神。

用法用量：将百合粉碎为面状，均匀添加于饲料中搅拌喂服。一般在可能引起鸡较大应激之前，如转群、免疫注射前 3 天进行添加，添加剂量为 0.3%。

7. 陈皮（橘皮）

药性：辛，苦，温。归脾、胃、肺经。

功能主治：理气调中，燥湿化痰。

用法用量：将陈皮粉碎成面状，均匀拌于饲料中喂服。主要用于 2 周龄雏鸡。对于鸡群，可在春分、夏至、秋分各用 1 周，可起到通宣理肺、助消食、扶正气作用。喂服量 0.3%左右。

8. 莲衣（荷叶）

药性：苦，平。归心、脾经。

功能主治：收涩止血。

用法用量：将干荷叶粉碎成面状，均匀拌于鸡饲料中使用。主要用于气温高于 30℃时，降心胃之火。用量占饲料量 0.5%，使用 1 周，间隔 1 周再用。

第三节 应五行归类饲养治未病

中医、中兽医的五行归类是先哲们在防病、治病临床实践中总结出经验智慧。表 3-1 为中兽医五行归类。

表 3-1　中兽医五行归类

五行	禽体					自然界					
	脏	腑	五体	五窍	五脉	季节	五化	五色	五味	五气	方位
木	肝	胆	筋	目	弦	春	生	青	酸	风	东
火	心	小肠	脉	舌	洪	夏	长	赤	苦	暑	南
土	脾	胃	肌肉	口	代	长夏	化	黄	甘	湿	中
金	肺	大肠	皮毛	鼻	浮	秋	收	白	辛	燥	西
水	肾	膀胱	骨	耳	沉	冬	藏	黑	咸	寒	北

（续）

五行	禽体	自然界
相生	木→火→土→金→水→木	循环无端
相克	木→土→水→火→金→木	往复无穷

一、指导脏腑用药治未病

五谷经脾、胃、肠化生精微物质而供鸡体内各组织器官新陈代谢。按五色五味原则供给鸡饲料，可使鸡体壮而未病。

动物都有为保持健康而提高自身抵御能力的本能。笔者曾为生产队放羊5年，每年春末夏初，春草萌发，树叶发芽，羊便由食枯草、干树叶改吃青草，在这期间羊可能会拉稀，此时羊会寻找含单宁（涩味）的杨树皮或臭椿树皮或酸枣树芽吃，以预防拉稀。在放养鸡也经常看到鸡吃黄土、石灰、石粒等，以补充钙、铜、铁的缺乏。

舍饲鸡，尤其是笼养鸡则限制了它们自我疗病的能力，所以我们必须要根据它们的生理需求，按照前人总结的经验供给药食，按不同季节，不同年龄分别管理，才能达到治未病的目的。

《中医基础理论》指出："药（食）有不同的颜色和气味。以颜色分，有青、赤、黄、白、黑五色；以气味辨，有酸、苦、甘、辛、咸五味"。药物的五色五味与五脏的关系是以天然色彩为基础，以其不同性能与归经为依据，按照五行归类而确定的，即：青色、酸味入肝，赤色、苦味入心，黄色、甘味入脾，白色、辛味入肺，黑色、咸味入肾。除药物的色、味外，还必结合药物的四气（寒、热、温、凉）和升降浮沉理论综合分析，辨证应用。

二、常用鸡饲料原料的药用归类

将目前常用饲料原料按有益脏腑归类法进行归类、汇总，见表3-2。

表3-2　鸡常用饲料原料的药用归类

序号	饲料原料	脏	腑	五体	五窍	色	味	四气	饲料类别
1	黄玉米	脾	胃、大肠	肌肉	口	黄	甘	平	能量类饲料
2	白玉米	肺	大肠	肌肉	鼻	白	甘	平	能量类饲料
3	红玉米	心	小肠	肌肉	舌	红	甘	平	能量类饲料
4	黑玉米	肾	独阴	骨、肉	耳	黑	甘	耳	能量类饲料
5	大麦	脾、肾	胃、独阴	骨、肉	口、耳	黄	甘	微寒	能量类饲料
6	小麦	脾、肾	小肠	脉	口、舌	黄	甘	微寒	能量类饲料
7	麸皮	心、脾	肠胃	脉	舌、口	微红	甘	寒	能量类饲料
8	高粱	脾、肺	肠胃	肌肉	口、鼻	白	甘、涩	温	能量类饲料
9	粳米	脾、肺	胃肠	肌肉	口、鼻	白	甘	温	能量类饲料
10	江米	脾、肺	胃肠	肌肉	口、鼻	白	甘	温	能量类饲料
11	米糠	肺	大肠	皮、羽	鼻				
12	薏仁（薏米）	脾、肺	胃	肌肉	口	白	甘、涩	微寒	能量类饲料
13	黄大豆粕	脾	胃、大肠	肌肉	口	黄	甘	平	蛋白质类饲料
14	黑大豆粕	脾肾	肉骨	独阴	耳	黑	甘	平	蛋白质类饲料
15	红小豆	心	小肠	脉	舌	赤	酸、甘	微寒	蛋白质类饲料
16	绿豆	心肝	胃	胆	目	青	甘	寒	蛋白质类饲料
17	落花生粕	脾、肺	胃、大肠	皮、肉	口鼻	赤	甘	平	蛋白质类饲料
18	蚕蛹	脾、肝	胆	肌肉	目	青	甘	平	蛋白质类饲料
19	亚麻籽粕	肝、肺	大肠	筋、皮	目	青	甘	平	蛋白质类饲料
20	鱼粉	肾	独阴	骨、肉	耳	黑	咸	温	蛋白质类饲料
21	石灰石	肾	独阴	骨	耳	青	无	寒	矿物质（钙）类饲料

（续）

序号	饲料原料	脏	腑	五体	五窍	色	味	四气	饲料类别
22	骨粉	肾	独阴	骨	耳	白	甘	温	矿物质（磷、钙）类饲料
23	草木灰	肾	独阴	骨	耳	青	咸	温	矿物质（钙）类饲料
24	苜蓿粉	肾、肺	口	骨肉	耳	青	苦、甘	凉	蛋白、维生素
25	松叶粉	心、脾	小肠	口、舌	无	青	苦	温	蛋白、维生素
26	草木樨粉	肺、肾	大肠	骨	鼻	青	辛	平	蛋白、维生素
27	蚌粉	肺、肝	胃	筋	目	青	咸	寒	钙
28	榆叶	肝	胆	筋	目	青	甘	平	维生素
29	荷叶	心、肝	小肠	脉	舌	青	苦	平	维生素
30	槐叶	肝	胆	筋	目	青	苦	平	维生素

注：此表主要是根据《中药大辞典》（第2版）和2020年《中国兽药典》查验编制。石灰石、草木灰、鱼粉是按五类归属编制。

第四节　鸡保健用饲料配方

目前我们所配制的饲料都是从营养学的角度，使饲料能量、蛋白质、钙和磷等矿物质、有效磷、赖氨酸、蛋氨酸、常量维生素、微量元素达标的配合饲料。如果在这种配合饲料的配制过程中，考虑到药食同源因素，适当按饲料原料的药性调整配合饲料配方，则能使鸡达到未病先防吗？

从中医、中兽医的角度讲，饲料原料种类多比种类少更宜于鸡体健康。现代饲料营养学观点，玉米为能量饲料；中兽医观点，黄、白、红、黑玉米对补益五脏不同，黄玉米是健脾开胃，白玉米益肺通宣理肺，黑玉米益肾补肾经，红玉米益心通脉。

一、药食同源饲料配方

表3-3至表3-7为5个土鸡的药食同源饲料配方，供参考使用。

表3-3 药食同源土鸡幼雏饲料配方（0~6周龄）

饲料原料	占比（%）	重量（千克）	代谢能（兆卡*/千克）	粗蛋白质（%）	钙（%）	有效磷（%）	赖氨酸（%）	蛋氨酸（%）	药性及功能
黄玉米	57.0	570.0	1.74	4.14	0.11	0.07	0.17	0.10	甘、平。归脾、胃、大肠经。抗氧化，清热
白玉米	3.0	30.0	0.09	0.23				0.01	甘、平。益肺宁心
麸皮	3.8	38.0	0.06	0.45	0.04	0.01	0.02	0.02	甘、寒。除热止渴，消肿
黄豆粕	15.0	150.0	0.48	6.75	0.05	0.03	0.42	0.08	归脾、胃、大肠经。健脾消肿。主治泻痢等
花生粕	10.0	100.0	0.26	4.00	0.03	0.03	0.14	0.04	归胃、大肠经。抗氧化，开胃利尿等
亚麻粕	5.0	50.0	0.09	1.70	0.02	0.02	0.06	0.03	归肝、肺、大肠经。降血脂，主治咳嗽气喘
鱼粉	1.0	10.0	0.03	0.62	0.04	0.04	0.04	0.01	
苜蓿粉	2.1	12.0	0.01	0.22			0.01		归肝、肾经。补肾，强筋骨
肉骨粉	1.5	15.0	0.03	0.75	0.36	0.19		0.01	
贝壳粉	1.2	12.0							归肝、胃经。化痰消积，清热燥湿
食盐	0.3	3.0							归肾经。促进新陈代谢
预混料	0.1	10.0							

（续）

饲料原料	占比(%)	重量(千克)	代谢能(兆卡/千克)	粗蛋白质(%)	钙(%)	有效磷(%)	赖氨酸(%)	蛋氨酸(%)	药性及功能
合计	100		2.79	18.86	0.65	0.39	0.86	0.30	补益五脏、安脏、扶正祛邪

注：卡为我国非法定计量单位，1卡＝4.184 0焦。下同。

表3-4 药食同源土鸡中雏饲料配方（7～12周龄）

饲料原料	占比(%)	重量(千克)	代谢能(兆卡/千克)	粗蛋白质(%)	钙(%)	有效磷(%)	赖氨酸(%)	蛋氨酸(%)	药性及功能
黄玉米	55.0	550.0	1.74	4.4	0.01	0.01	0.13	0.07	甘、平。归脾、胃、大肠经。抗氧化、清热
碎稻米	6.0	60.0	0.17	0.44		0.01	0.02	0.01	甘、平。归脾、胃、肺经。补气健脾、止泻痢
麸皮	3.2	37.0	0.06	0.58			0.02	0.01	甘、寒。除热止渴、消肿
黄豆粕	15.0	150.0	0.35	6.60	0.05	0.03	0.42	0.17	甘、平。归脾、胃、大肠经。健脾消肿、主治泻痢等
花生粕	10.0	100.0	0.26	4.00	0.03	0.03	0.13	0.06	甘、平。归胃、大肠经。养血祛风、润燥通便
棉仁粕	5.0	50.0	0.10	2.12	0.01	0.01	0.08	0.05	归肾经
鱼粉	1.0	10.0	0.02	0.38	0.06	0.01	0.02	0.01	咸、温。归肾经
松叶粉	1.5	15.0	0.05	0.21	0.02			0.01	苦、温。归心、脾经。祛风燥湿、杀虫止痒

（续）

饲料原料	占比（%）	重量（千克）	代谢能（兆卡/千克）	粗蛋白质（%）	钙（%）	有效磷（%）	赖氨酸（%）	蛋氨酸（%）	药性及功能
磷酸氢钙	1.7	17.0			0.27	0.27			
石灰石粉	1.2	12.0			0.42				
食盐	0.3	3.0							味咸。归肾经
预混料	0.1	10.0							
合计	100		2.75	18.73	0.87	0.37	0.82	0.39	

表3-5 药食同源土鸡大雏饲料配方（13～20周龄雏鸡）

饲料原料	占比（%）	重量（千克）	代谢能（兆卡/千克）	粗蛋白质（%）	钙（%）	有效磷（%）	赖氨酸（%）	蛋氨酸（%）	药性及功能
黄玉米	55.0	550.0	1.74	4.4	0.01	0.01	0.13	0.07	甘、平。归脾、胃、大肠经。抗氧化、清热
高粱	3.0	30.0	0.08	0.27					甘、涩、温。归脾、胃、肺经
麸皮	7.85	69.5	0.11	1.09	0.01	0.02	0.01	0.02	甘、寒。除热止渴、消肿
黄豆粕	12.0	120.0	0.28	5.28	0.04	0.02	0.34	0.14	甘、平。归脾、胃、大肠。清积消肿
花生粕	6.0	60.0	0.16	2.64	0.02	0.01	0.08	0.05	归胃、大肠经。抗氧化
亚麻粕	5.0	50.0	0.09	1.74	0.02	0.02	0.04	0.05	归肝、脾、大肠经。健脾止泻、化痰安神

（续）

饲料原料	占比（%）	重量（千克）	代谢能（兆卡/千克）	粗蛋白质（%）	钙（%）	有效磷（%）	赖氨酸（%）	蛋氨酸（%）	药性及功能
菜籽粕	5.0	50.0	0.09	1.79	0.03	0.01	0.07	0.04	平、温。归肾、心经。通脉安神
苜蓿粉	2.0	20.0	0.02	0.9	0.22	0.12	0.04	0.02	归肝、肾经。补肾、强筋骨
磷酸氢钙	1.7	17.0			0.36	0.27			
石灰石粉	2.0	20.0			0.66				
食盐	0.35	3.5							归肾经。促进新陈代谢
预混料	0.1	10.0							
合计	100		2.57	18.11	1.37	0.48	0.75	0.4	补益五脏、安脏、扶正祛邪

表3-6　药食同源土鸡产蛋期饲料配方（用于开产10%的产蛋鸡）

饲料原料	占比（%）	重量（千克）	代谢能（兆卡/千克）	粗蛋白质（%）	钙（%）	有效磷（%）	赖氨酸（%）	蛋氨酸（%）	药性及功能
黄玉米	55.0	550.0	1.74	4.4	0.01	0.01	0.13	0.07	甘、平。归脾、胃、大肠经。抗氧化
白玉米	5.0	50.0	0.17	0.44	0.01	0.02	0.01	0.02	甘、平。归肺、胃、大肠经。抗氧化、治水肿
麸皮	6.75	68.5	0.11	1.07			0.04	0.03	甘、寒。除热止渴、消肿

（续）

饲料原料	占比（%）	重量（千克）	代谢能（兆卡/千克）	粗蛋白质（%）	钙（%）	有效磷（%）	赖氨酸（%）	蛋氨酸（%）	药性及功能
黄豆粉	15.0	150.0	0.35	6.6	0.05	0.03	0.42	0.17	甘、平。归脾、胃、大肠经。清积消肿
菜籽粕	5.0	50.0	0.09	1.79	0.03	0.01	0.07	0.04	辛、温。归肾、心经。通脉安神
亚麻粕	5.0	50.0	0.09	1.74	0.02	0.02	0.04	0.05	归肝、肺、大肠经。健脾止泻
松叶粉	2	20.0	0.12	0.28	0.03	0.01	0.01	0.03	苦、温。归心、脾经。祛风燥湿、杀虫止痒
炒黑豆	1	10.0	0.03	0.36	0.01	0.01	0.02	0.01	
磷酸氢钙	1.8	18.0			0.38	0.29			
石灰石粉	3.0	30.0			0.99				归肾经。促进新陈代谢
食盐	0.35	3.5							
预混料	0.1	10.0							
合计	100		2.70	16.68	1.53	0.40	0.74	0.42	健脾开胃、补肾阴虚

表3-7 药食同源土鸡产蛋高峰饲料配方

饲料原料	占比（%）	重量（千克）	代谢能（兆卡/千克）	粗蛋白质（%）	钙（%）	有效磷（%）	赖氨酸（%）	蛋氨酸（%）	药性及功能
黄玉米	55.0	550.0	1.74	4.4	0.01	0.01	0.13	0.07	甘、平。归脾、胃、大肠经。抗氧化、清热

（续）

饲料原料	占比（%）	重量（千克）	代谢能（兆卡/千克）	粗蛋白质（%）	钙（%）	有效磷（%）	赖氨酸（%）	蛋氨酸（%）	药性及功能
白玉米	5.0	50.0	0.17	0.44	0.01	0.02	0.11	0.02	甘、平。归肺、胃、大肠经。抗氧化、理肺气
黄豆粕	18.0	180.0	0.41	8.28	0.05	0.03	0.40	0.23	甘、寒。消积增食欲
炒黑豆	2.0	20.0	0.06	0.71	0.05		0.04	0.02	促产卵
亚麻粕	5.0	50.0	0.09	1.74	0.02	0.02	0.04	0.05	辛、温。归脾、胃、大肠经。健脾开胃、安神
菜籽粕	5.0	50.0	0.09	1.79	0.03	0.01	0.07	0.04	辛、温。归肾、心经。通脉安神
苜蓿粉	2.0	20.0	0.02	0.9	0.22	0.12	0.04	0.02	苦、温。归心、肝经。祛风、壮筋安神
磷酸氢钙	1.65	16.5			0.35	0.26			
石灰石粉	5.0	50.0			1.65				
食盐	0.35	3.5							咸。归肾经。促消化
预混料	1.0	10.0	0.17	0.44			0.01	0.01	
合计	100		2.75	18.70	2.39	0.47	0.84	0.46	健脾开胃、壮阳、增蛋量

注：此方在预混料中添加蛋氨酸 3.4 千克。

二、药食同源饲料配方原料调配

（一）原料调配的原则

调配饲料时首先要按不同鸡种不同年龄的营养需求进行调整，从而使配合饲料的代谢能、粗蛋白质、钙、有效磷和第一、第二限制氨基酸达标。当然不可能一点不差的达标，只要是上下不差 5%，对鸡体影响不大。

（二）原料调配的方法

药食同源理念讲述的是饲料原料益五脏六腑的作用；西兽医讲的是能量、蛋白质、矿物质、维生素的消化吸收，这两种观念并不矛盾，且可以同时实现，只要在达到营养指标的情况下，适当调整饲料原料种类即可做到。比如玉米就有益脾胃的黄玉米，益肺的白玉米，益心的红玉米，益肾的黑玉米；只要减去一定量的黄玉米，放入同等量的白、红、黑玉米，对能量、粗蛋白质水平基本没有影响，又起到补益五脏六腑的作用。再如蛋白质饲料，减少一定量的黄豆粕，增加花生粕、亚麻粕、菜籽粕，对能量、粗蛋白质水平影响不大。这样营养、药用并举，可更充分地利用饲料价值。

第四章 具备鸡生命生存条件治未病

鸡与其他饲养动物一样，只有具体了生命生存适宜的环境，才能正常生长发育，为人类提供动物源产品。不同地域鸡种具有不同的特性，均是经过长期的自然选择和人工适择选育的品种，每个地方品种都有其共性和个性，人们只有掌握了它的特性，按客观规律进行饲养管理，才能使饲养的鸡种健康成长。若主观和客观不适应，鸡不会用"言语"呼救，但会出现不生产、不生长，甚至死亡，造成经济损失。

第一节 鸡的场址与鸡舍

鸡体型比较小，体重比其他家禽轻，而且比较敏感，对水质、空气、温度、湿度、饲料的要求都比较高，因此鸡场的场址要求比较严格。

明代《本草纲目》（禽部48卷）称鸡是禽中阴中之阳性动物，这说明鸡是喜阳光的动物，因此鸡场选址最好是在阳地，而不是选在少日照多阴风的地理位置。

一、场址的选择

地理位置：场地要宽阔、平坦，如北面有山更好，以北高南低有一定坡度为好，鸡场要距离居民区2千米以上。如果当地有鸡场，选址一定要选在西北上风口和上水区域，距离2千米之外，以防疾病传染。场址地势要高，不窝风，阳光充足，雨后不存水，冬暖夏凉。

交通运输：交通便利可节约运费，便于销售。要远离交通主干线，场址要距铁路或公路 2 千米以上。这样能避噪声和空气污染。

水源：鸡场要有可靠、充足的洁净水源，并且位置在鸡场的最高处，水源能满足本场使用，尤其是干旱季节能满足供水。水以管道式供水，不用明流水。饮用水要符合 GB 5749 生活饮用水卫生标准。

电源：种蛋孵化、鸡舍通风和照明、鸡场供食供水，都必须要有电源保障。在设计鸡场时首先要考虑需要多大变压器，而且至少要多预留 10％～15％电负荷，以便改造时再增容，这样可以避免不必要的再投资。

二、鸡场内的布局

鸡场经营方向大体可分专业化鸡场和综合性鸡场。专业化鸡场又分孵化厂、饲料加工厂、种鸡场、商品鸡场。

从防疫角度出发，无论是专业化的鸡场还是综合性的鸡场，都应将生产区和生活区隔离，人行、饲料运输通道和粪道隔离。

生产区的布局：生产区应有围墙围绕，墙高 2～2.2 米。生产区内包括育雏舍、育成舍、产蛋种鸡舍和商品鸡舍。还包括孵化室、人工授精室和饲料间、兽医室等。进出生产区只设两个门，即运输与人行门、垃圾门，两个门口进出处都设消毒池，人工进出，更衣消毒后方能进入生产区。消毒池深 30 厘米，宽 2.2 米，长 6 米。生产区内每排鸡舍之间应相隔 12～15 米，以东西走向北房为佳。

管理区的布局：管理区设办公室、食堂、车库、锅炉房、配电室、宿舍等。管理区的办公室应和宿舍隔开。管理区大门要临近公路，比较明显，并要留好门前及办公区绿化、美化的位置。食堂、会议室、卫生间、销售科应考虑放在第一排。会议室要设在警卫室和值班室中间，以便于看守。

三、鸡舍的设计

(一)鸡舍统计规划

种鸡的育雏舍、育成舍、成鸡舍的占地面积是 1：2：3。鸡舍中，鸡的密度是关系到鸡能否采食、饮水充足，以及每只鸡所占水位、料位空间的关键因素。密度过大必然强者能饮食充足，弱者越来越饥渴，造成体质差距很大；密度过低，造成设备、空间、投资成本的浪费。

每平方米养鸡的密度：0～6 周龄 50～80 只，7～12 周龄 25～35 只，13～20 周龄 18～20 只，成年鸡 12～15 只。此数据是按中型鸡设计的，轻型鸡可适量增加，重型鸡可适量减少。

鸡舍的长度和跨（宽）度要看是笼养、网上散养，还是机械自动化养殖。网上散养通道 1～1.2 米，机械自动化养殖视上料、刮粪设备宽度而定，鸡舍跨度 2 排笼的距离一般为 6.4 米，3 排笼的一般8 米。

(二)鸡舍的形式

1. 开放式鸡舍　见图 4-1。

这种鸡舍适用于气候炎热的南方最低气温在 1℃ 以上地区，特别简便、经济。鸡舍只有立柱支撑简易遮阳且不漏雨的顶棚，顶棚越厚，降温效果越好。这样的鸡舍四周无墙，或两侧有墙，南北无墙。也有东、北、西有墙，北墙设通风窗，而南侧无墙。

开放式鸡舍的优点是建造快，拆迁方便。缺点是受环境影响太大，对鸡的传染病无法控制，管理困难，鸡的生产性能发挥差。

2. 半开放式鸡舍　半开放式鸡舍适于我国中部、北部地区。这种鸡舍饲养地方优质品种鸡最适合。鸡舍南北设对称窗，南窗大，北窗小，南北窗下设通风窗。靠自然光照升温，靠自然通风降温，受季节影响较大。半开放鸡舍的优点是建筑材料能就地取材，造价低，工期短，舍内空气新鲜。缺点是，受自然条件影响大，防疫有一定困难，舍内温度不好控制，对发挥鸡的生产性能有一定困难。半开放式

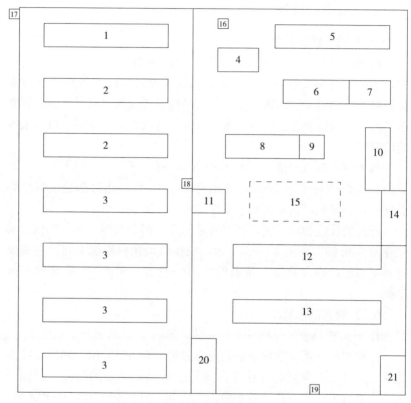

图 4-1　开放式鸡舍

1. 育雏舍　2. 育成舍　3. 产蛋种鸡舍　4. 兽医室　5. 孵化室　6. 修理间
7. 配电室　8. 屠宰间　9. 冷库　10. 饲料间　11. 食堂　12. 宿舍　13. 办公室　14. 库房　15. 活动场　16. 病死鸡坑　17. 运鸡粪门　18. 进生产区门　19. 大门　20. 自行车棚　21. 车库

鸡舍可以实行半机械化养鸡。

3. 自动化鸡舍　自动化鸡舍指饮水、喂料、刮粪、通风、温度、湿度、光照都是由电脑控制。

（三）鸡舍的建造规格

1. 地基　各地鸡舍地基深度是由当地土质与冻土层所决定的。

深度 50~70 厘米，地基应比墙宽 12~15 厘米。其作用是防冻、防潮、防震、防水。鸡舍地面要用水泥铺面，以便于清粪消毒。

2. 墙壁 墙壁是鸡舍外围结构，起保持舍内温度、湿度的作用，对房舍起支撑作用。鸡舍是否保温、防潮、坚固耐用，主要取决于墙壁的建筑材料和厚度。鸡舍的建造工程量一般占 55％～65％，占总造价的 35％～40％。

3. 门、窗 鸡舍门一般设在东、西两侧。以两扇宽 1.6 米、高 2 米为宜。孵化室设在北侧，尺寸同鸡舍门，这样便于推双轮手推车出入。鸡舍人行门高 2 米，宽 0.7~0.8 米。鸡舍南窗以高 1.5 米、宽 1.2 米为宜，北窗以高 1.2 米、宽 1 米为宜。窗下通风孔高 50 厘米，长 80 厘米。

4. 舍顶和顶棚 鸡舍顶以中间脊、前后两斜坡为最好。顶窗可设前（南）坡。天窗每间一个，高 0.8~1 米，宽 1.5 米。舍顶以铺泥上瓦为好，冬暖夏凉。顶棚以挂白灰的为最好，这样便于消毒。

5. 鸡舍的跨度和长度 两排笼养种鸡舍宽 6.2~7 米，三排笼养种鸡舍宽 9 米。种鸡舍长 33 米，可饲养 1 000~1 200 只鸡。育雏舍和育成舍宽度和长度都可根据实际情况自行设计。

四、怎样改造旧鸡场养鸡

对于一些可改造的旧鸡场，可适当改造后利用。

1. 做好调查研究 首先，调查清楚该场选址是否适宜，场内曾经发生过什么传染病和普通疫病；其次，该场水、电供应情况和交通、通讯情况如何；再次，场区、鸡舍结构，以及育雏舍、育成舍比例如何等，都应做一个详细记录，并绘制平面示意图；最后，确定养鸡规模、改造方案。

2. 如何改造 旧鸡场的改造，首要应考虑布局是否改变。按有利于防疫，利于发挥鸡生产性能的要求进行改造。

第一，清理垃圾，打扫卫生，全面消毒。这项工作最重要。应先由室内向室外，再由室外向场外进行清理，打扫卫生，打扫干净后，能焚烧的用火焰消毒。像顶棚、墙壁，能用高温喷灯、喷火器消毒一遍最好。对铁制设备也可用喷火器消毒。对不能焚烧的器物用清水冲，冲后再用各种消毒液喷雾消毒或熏蒸消毒。

第二，场院消毒。场院内空地，尤其是道路，要用消毒液消毒。对于尸坑和不便于用其他方式消毒的场所，可以撒生石灰粉消毒，之后埋土。

第三，设备、器具消毒。对于旧鸡场的设备、器具，可选用臭氧消毒、熏蒸消毒、喷雾消毒、浸泡消毒等方式彻底消毒。尤其是直接用于养鸡的设备、器具更应如此，否则极易感染各种传染病。

3. 旧鸡场重新养鸡要做好以下四项工作

（1）严格消毒 旧鸡场、旧鸡舍原来养过鸡，鸡群可能患过传染病，有的病毒可潜伏多年，因此旧鸡场的设施设备都要严格消毒，绝不能疏忽大意。

（2）要有严格的管理制度 对于出入生产区、出入鸡舍，喂料、饮水，都要制定规程和奖罚制度。对于防疫、投药要有具体细则，以防止遗漏，造成疾病扩散。

（3）重新制订免疫程序 根据旧鸡场原有鸡群发病情况，重新制订免疫程序。

（4）安装调整好设备 不能使用的旧设备要更换，不能勉强使用，以免影响鸡的生产性能的发挥。对于能使用的要改造调整，尤其是鸡笼的高低，网面的平整度，水槽的水平线；需检查、调整的，应检查、调整，如料槽漏桶和槽与槽的衔接是否平整，滚蛋坡度是否合适。

五、饲养设备

1. 饮水器 有真空饮水器、乳头饮水器、杯式饮水器、普拉松饮水器、水槽和自制饮水器等。

饮水器分雏鸡和育成鸡用两种。雏鸡常用 9SZ-2.5 型塑料真空饮水器。盛水 2.5 千克，水深 1.9～2 厘米，可供给 50～70 只雏鸡使用。雏鸡真空饮水器还有 9SZ-0.4 型，盛水 0.4 千克，可供 25～30 只雏鸡使用。通常都是 4 周龄前用 9SZ-0.4 型，5 周龄后用 9SZ-2.5型。

乳头饮水器和杯式饮水器都是管道通到每个鸡笼或网上一定位置，只是饮水方式不同，一个是抬头乳头饮水，一个是低头杯中饮水。乳头饮水器有雏鸡和成年鸡用两种，鸡场多见 9SJR-3 型或 9SJR-4 型。杯式饮水器有 9SB-16 型、9SB-27 型两种。

普拉松（吊式）饮水器，即用管道相通的成年鸡用饮水器，目前有 YSQ 全自动饮水器，可供 120～150 只育成鸡使用。

V 型塑料饮水器主要安装在鸡笼上使用。

自制饮水器是饲养员自发性制造的饮水器。有的是用罐头瓶压在菜盘上的真空雏鸡用饮水器，有的是用竹子制成的饮水槽，有的是用塑料瓶改造成的饮水器。

2. 供料设备　目前供料设备有很多种，有链环式给料机、螺旋式给料机、料槽、料桶、料盘等。如果鸡饲养量少，一般用料槽、料桶或料盘即可。

吊式料桶线有的用雪花铁板制成，有的用塑料制成，长 2 米。一般上口直径 13 厘米，下底直径 11 厘米，高 6 厘米，饲养成年鸡用。吊式料桶目前均用塑料制成，散养鸡、网上养中雏、大雏可用。每桶供 20～30 只鸡用。料盘目前有塑料制成的直径 30 厘米的圆盘，也用玻璃钢制成的长方形或正方形料盘，还有用铁板制成长方形或正方形料盘。料盘只能用于雏鸡。

3. 装鸡设备　两层或三层"品"字形鸡笼。如果种鸡需进行人工授精，则最好选用两层笼。育成鸡和商品中雏、大雏可采用中型笼，每组装 40 只。地板网一般长 2 米、宽 1 米，支架用 4 厘米×4 厘米角铁焊成，上面固定铁网或镀塑网。也有用竹片制成的网面，但不如铁网便于消毒。

4. 集蛋设备 有蛋托、蛋箱等。蛋箱有 2 种，一种是每箱装 300 枚种蛋的箱子，一种是每箱装 20 千克商品蛋的蛋箱。

5. 防疫设备 如称药的天平或电子秤、连接注射器、恒温箱、电冰箱、高压灭菌器、保温瓶、消毒喷雾器等。

第二节　制定防疫制度防瘟疫

鸡最怕闹瘟疫，也就是现在西兽医所讲的病毒、病菌、衣原体、支原体、原虫等引起的传染病。这些病多是经水平接触或经种蛋垂直传播的。传染病是鸡群最可怕的敌人，是危害鸡群最严重的问题，办鸡场要把它当作从始至终的头等大事来抓。各鸡场应根据各自的具体情况制定相应的防疫制度，在此仅提供一些作为参考。

（1）生产区、办公区必须隔开。无论是新建场还是改造的旧鸡场，凡进入的人员（必须经淋浴更衣，紫外线消毒方可进入）和物品（不允许带入和养殖场同种产品进入，特别是生食）必须经过严格消毒方可进入。

（2）鸡场生产区冬季每周普遍喷雾消毒一次，其他季节一周消毒 2 次。除在清理完垃圾、粪便后消毒外，对使用的工具及运输道路也要消毒。酸碱消毒药，建议每隔一周交替使用。

（3）为了便于管理，尽量实行全进全出制，清空鸡舍后应清扫、消毒，空舍 2 周后再用。

（4）自繁自养的鸡场比较安全。从外地引进鸡时，应在场外隔离观察半个月，未发现异常再进场。如果不具备场外隔离饲养条件，可在本场设封闭鸡舍隔离观察。除对该鸡舍严格消毒外，饲养员也要封闭，不准与其他人员，尤其是其他舍的饲养员来往。

（5）各栋或各批饲养员在生产区内不得互相接触，工具同样不准交换使用，以免交叉感染。防疫员、兽医、行政人员是鸡场最易携菌传播的人员，当他们从一鸡舍进入另一鸡舍时，一定要严格消毒鞋和手。

（6）绿化防疾病。过去我们建鸡场都在房舍间通道两侧栽种很多乔木来美化环境，但禽流感的发生表明似乎这种绿化方式有其弊端（因为乔木容易吸引野鸟、野禽来栖息，有引发禽流感的风险）因此建议通过种植低矮灌木，种植豆类和蔬菜等进行绿化。

（7）普及防病知识。全场所有在职人员不反应懂得防疫的目的与意义，而且都照章行事，才能做到人人防疫，使鸡群产生良好经济效益。

第三节　优化饲养管理治未病

所谓优化饲养管理治未病，就是根据该品种或品系鸡的生物学特性、行为学特性制订合理的饲养方案，使鸡先天遗传的生理功能与后天的生理功能和谐共存，齐头并进，御外防病，保持健康。这涉及内容很多，如鸡各年龄阶段的营养需要标准，适宜温度、湿度、光照条件，产蛋期特殊管理、人员管理等。

一、突出人的因素，养鸡必成功

人是主宰养鸡场的灵魂，只要鸡场主和饲养员都把心思放在鸡群身上，则上下齐心，必定办场成功。

办场选人是第一位的，选择爱好养鸡之人，则他会动脑筋、认真对待，能做到不会可学，不懂可问。如果选择不喜欢这项工作的人，即使他懂技术，在工作中也会敷衍了事。

经济时代的人们往往向"钱"看，所以对鸡场各岗位要实行定岗定责，确保一定的工资待遇。笔者搞30多年养鸡场认识到职工对工资是重视的，只有工资加年底奖金结合才能留住人才。

养鸡场饲养员以外地人在场吃住的最好，这样便于管理、利于防疫。当地人太多往往不但造成一旦有疫情不好封场，并且他们可能会将当地社会矛盾带入场影响团结，造成工作难度大、效率低。

养鸡场子要想搞好，一定要普及防疫知识，并进行专业培训，确保职工知职识岗，做到应知应会。还要组织好饲养员之间的经验交流，树立饲养员典范，正能量风气。年终总结开会时对先进集体和个人进行表扬、奖励，树立榜样。

二、鸡的育成期工作要点

在鸡的育成期，育雏第一周最为关键，可为它一生的生长发育水平、生产性能、高低打下基础。雏刚出壳时体内存在母体留传的营养，所以此时首要应提供清洁的空气、空间，良好适宜的温度和相对湿度，其次才是饮水和饲料。出雏时，由于遗传和母体营养不良的影响，每批必出现弱残雏，必须淘汰，不然会劳而无功。因为一般弱残雏抵抗力差，易感染病原微生物，并会传染健雏，造成因小失大。我们在 30 多年饲养中华宫廷黄鸡的基础上，总结出了地方良种鸡育成期的日常工作（表 4-1），以供参考。雏鸡 4～5 日龄时，由母体提供的营养已耗尽，开始依靠后天营养，此时称为营养接力阶段。我们观察到这两天雏鸡不如前几天活泼好动，所以要精心呵护。鸡舍温度应保持在 30℃，饮水要勤换，水料应充足，并不多惊扰，让它度过这一关。7～20 周龄注意喂料数量不要超量，不要因为青年鸡食欲旺盛就多喂料，以免造成肌肉生长多而体型小，并且母鸡产蛋率高峰期短，公鸡性欲冷淡、受精率低。

关于地方良种鸡产蛋期的日常工作见表 4-2。

表4-1 地方良种鸡育成期日常工作程序

自然时间	日龄	周龄	工作内容	防治程序	室温(℃)	鸡背温度(℃)	湿度(%)	说明
前3天			清扫鸡舍、冲洗墙面及地面					
前2天			将灯光设备安置整齐后，用高锰酸钾及福尔马林进行熏蒸消毒，也可以用火焰喷射消毒或中药熏烟消毒					室内封闭熏蒸：每立方米空间用高锰酸钾3.5克，福尔马林7毫升。如无条件，火碱喷雾消毒也可
前1天			育雏人员穿戴消毒衣帽进育雏室，查看育雏室内温度，使其达25℃左右，然后检查饮水及喂料设备是否齐整					工作人员的服装也必须消毒，踏消毒垫、洗手后方能进舍
	1	1	做好接雏准备：①保持室内温度为25℃，相对湿度为55%～75%；②准备好35～42℃的温开水，在水中加入5%的葡萄糖，白糖或红糖。接雏：①雏到后先诸盛摆开让雏鸡适应1～2小时；②8小时后边清点雏数量边教雏饮水，观察雏处的温度，测量鸡背高10厘米处的温度，其温度应到34℃。③饮水后2～4小时开食，以鸡不扎堆视为温度适宜，将雏料潮拌后散在垫纸及料盘中	接种马立克病疫苗	25	34	50～60	昼夜光照，当天的死雏必须当天烧掉，从即日起尤其是干燥季节要注意做到：每天将饮水器、料盘及地面用消毒水进行消毒，为保持鸡舍内的湿度、地面必须用湿布擦，且水中要加入消毒液

（续）

自然时间			工作内容	防治程序	室温（℃）	鸡背温度（℃）	湿度（%）	说明
日龄	周龄							
2	1		①保持鸡舍温度为25℃，鸡背温度33℃；②随时撒料并添水；③为保持鸡舍适宜的湿度，每天要用湿布擦地		25	33	60	每天必须将饮水器、料盘及地面消毒
3	1		鸡舍温度保持在23℃，鸡背温度要达到33℃，相对湿度为55%～75%，闭灯1小时		23	32	60	饮温开水1周
4	1		鸡背温度保持30℃以上，闭灯2小时	10日龄接种禽流感疫苗	23	30	60	
7	1		鸡背温度保持在28℃以上，并撤出垫纸	新城疫弱毒苗，滴鼻、点眼	23	28	60	
	2		鸡背温度保持在28℃以上，每2天清一次鸡粪，每天光照减1小时	13日龄传染性法氏囊病疫苗，滴鼻、点眼	22	25	50	鸡张嘴表示温度过高，鸡扎堆表示温度过低
	3		鸡背温度保持在25℃以上，调整鸡群密度，每平方米20～30只		22	23	50	
	4		鸡背温度保持在18～22℃，必须随时保证鸡有料位、水位，本周开始光照为8小时		22		50	此后鸡开始换羽，注意随时打扫鸡脱落的羽毛

（续）

自然时间	日龄	周龄	工作内容	防治程序	室温（℃）	鸡背温度（℃）	湿度（%）	说明
		5	鸡背温度保持在20℃以上	28～30日龄接种新城疫加传染性法氏囊病疫苗（冻干苗）	22		50	饲料若不是全价配合饲料，应在饲料中加入砂砾
		6	鸡背温度保持在20℃以上		22			最适宜温度22℃
		7	更换中雏饲料，每天喂4次，按饲养标准，每平方米25只					饮水应当充足，本周开始自然光照
		8	有条件的，公母鸡按品系进行分群饲养。将体重过高和过低的进行限料或增料单独饲喂。有育成笼的开始上笼					网上养殖每平方米25只，育成笼每笼数量6～8只，称重超重占10%
		9	为达到机体性成熟、体成熟同步，应开始限饲	60日龄接种禽流感疫苗				限饲：一是用料量控制，每天料量不能超量；二是配合粗纤维含量高的饲料饲喂
		10	从本周开始注意均匀度应达85%，个体过重的限饲，过小的应单独补料。每平方米22只	70日龄鸡翅下刺种鸡痘苗				每周必须带鸡消毒1～2次，发现疫病每天带鸡消毒1次

（续）

自然时间	日龄	周龄	工作内容	防治程序	室温（℃）	鸡背温度（℃）	湿度（%）	说明
		11	每天观察鸡群，发现交叉喙的鸡、转脖鸡，应淘汰					对于水槽饮水器，温暖季节每天擦洗一次，寒冷季节每3天擦洗一次
		12	周末进行抽测称体重、初选种，对体重过轻的、体弱的、畸形的、品系外貌不符合品种特性的进行淘汰。每平方米18只	周末免疫接种中等毒力的新城疫疫苗				饮水或点眼方式免疫
		13	更换大雏饲料，按饲养标准喂料。光照应达到12小时，公、母应分群饲养，每平方米15只					饲料中注意钙1%，有效磷0.4%
		14	周末进行抽测称体重					品系群中每百只抽测10%
		15	由本周开始每周增加光照0.5小时					
		16	本周进行选种，对公鸡不符合品种特性的淘汰。对母鸡体重低于平均体重20%的淘汰。光照应达到13小时					注意观察鸡群健康程度，尤其是观察鸡粪便，对个别拉绿稀便的淘汰
		17	进行鸡白痢检测，淘汰白痢病鸡					周末也可以上蛋鸡笼

自然时间	日龄	周龄	工作内容	防治程序	室温(℃)	鸡背温度(℃)	湿度(%)	说明
		18	周初防疫，光照14小时，先上蛋鸡笼，后免疫	注射新城疫油苗				大腿肌内注射。为防刺骨，要斜刺
		19	料量：公鸡125克，母鸡115克					注意饲料钙3.2%，有效磷0.4%
		20	个别母鸡产蛋，由周四开始饲料中加入维生素E，维生素A和维生素C，上蛋鸡笼，对公鸡开始训练采精					剪掉公鸡肛门周围羽毛和爪上的指甲

表4-2 地方良种鸡产蛋期日常工作程序

自然时间	周龄	工作内容	日料(克/只)	光照时长(小时)	温度(℃)	注意问题
	21	调整笼位，将原种和外貌不合格的鸡淘汰。每天喂料3次	95~100	13.5	18~22	有个别母鸡产蛋，上午添料2次，第2次添料以第1次的喂料为主，下午添料1次
	22	观察初产蛋母鸡是否因产蛋肛门破裂被其他鸡啄	100	13.5	18~22	肛破后用紫药水涂搽
	23	父母代产蛋率5%，注意畸形蛋率，超过30%应调料	105	13.5	18~22	产蛋率达5%时应换产蛋料

（续）

自然时间	周龄	工作内容	日料（克/只）	光照时长（小时）	温度（℃）	注意问题
	24	祖代鸡产蛋率5%	108	13.5	18~22	各品系抽测公鸡35只，母鸡12只称体重
	25	原种父本产蛋率5%	113	14	18~22	换料，先料后料各半
	26	机械喂料，人要跟随料车观察鸡采食，并防鸡卡头	116	14	18~22	笼养鸡要撒料均匀
	27	鸡群产蛋率上升，喂料一定时、定量，尤其不得超量	118	14	18~22	每日产蛋率上升5%，如果低于此数向上级报告
	28	开展人工授精的鸡场，应对公鸡采精每隔2天训练一次	118	14	18~22	将同日龄公鸡无精液的淘汰
	29	正常饲养	120	14	18~22	产蛋率可达25%~35%
	30	正常饲养	120	15	18~22	产蛋率34%~40%
	31	注意观察鸡的粪便是否正常		15	18~22	注意带鸡消毒，每周消毒1次
	32	产蛋在35%以上可进行人工授精	120	15	18	观察蛋壳厚薄，薄则增有效磷至0.4%，钙至3%~3.5%

（续）

自然时间	周龄	工作内容	日料（克/只）	光照时长（小时）	温度（℃）	注意问题
	33	一定要做到饮水充足，防止生人及其他动物人鸡舍，防惊群	120	15	18	产蛋率正常达到50%~55%
	34	一定要做到饮水充足，防止生人及其他动物人鸡舍，防惊群	120	15	18	产蛋率达60%，产蛋进入高峰期，高产蛋鸡易患疲劳症
	35	正常饲喂	120	15	18	育成期均匀度好的鸡产蛋率达65%
	36	自然交配鸡。若公鸡受精率低时应更换。应有备用公鸡	120	15	18	注意在产蛋期间歇将肛门破裂或流血的鸡立刻抓出笼，以防啄肛
	37 39	正常饲喂	120	15	18	高温天气，注意通风降温，低温不能低于10℃
	40	本周每天随机抽样分测50枚蛋重，并从本周开始准确记录蛋数	120	15	18	产蛋率在高峰期个别天数达70%
	41 44	正常饲喂	125	15	18	注意食槽水槽跑料水。或水人料应及时清理，以防发霉
	45	全面对鸡进行体重、体尺、蛋重的测量。对鸡种和体型外貌鉴定一次	125	15	18	

（续）

自然时间	周龄	工作内容	日料（克/只）	光照时长（小时）	温度（℃）	注意问题
	46	正常饲喂	125			产蛋高峰期下降
	47	群体产蛋率下降属正常现象	120	14.5	18～25	光照减0.5小时，饲料量减少，以防鸡肥
	48	产蛋率一周下降5%～7%时，每天料量每只减5克	酌情	14	18～25	光照减0.5小时
	49 51	产蛋率逐渐下降为正常现象	酌情	14	18～25	
	52 54	正常饲喂	118	14	18～25	产蛋率在50%左右
	55 64	产蛋率下降期	115	13.5	18～25	产蛋率在40%左右
	65 68	产蛋率低于30%时不要再受精	112	13	18～25	饲料一定减量，不然会影响产蛋率
	69	正常饲喂	107	12.5	18～25	注意个别鸡脱毛，若超过8%脱毛，可能患病
	70	产蛋率25%～28%	100	12	18～25	拟进行强制换羽时时做准备工作
	71 72	产蛋率20%左右				先淘汰公鸡，后淘汰母鸡

第五章　中草药治未病

中草药治未病是符合我国动物保健理念的，也是为人们提供健康、安全的动物源食品的需要。

本章所讲用中草药治未病，即是利用药食同源的方法（药是食，食也是药的方法），让鸡食用中草药，益五脏六腑运化运行，扶正气，驱邪气，从而促进鸡发挥其遗传性能、生理功能，生产出健康、安全的肉、蛋产品，供人们安心使用。

第一节　在五季用药食养五脏及五腑

中兽医治未病是将季节划分为春、夏、长夏、秋、冬，相应肝、心、脾、肺、肾。之所以谈长夏是因为伏天不但温度高，而且还雨水多、气压低、湿度大，而动物需要抗抑，所以设五季。五季是自然规律，是人类至今无法改变的自然现象，但是我们祖先却用才能和智慧选择了用药食和为鸡创造良好生存条件来健身防病。关于创造良好生存条件治未病已在第五章进行简单叙述，本节只讨论五季怎样用药食为鸡保健，以保护五脏五腑，达到治未病的目的。

一、春季保肝通疏泄

春季是肝、胆生理功能运化旺盛、易发病、易治愈的季节，由此可见春季宜补益肝胆。心藏神，肝藏血，只有心血充盈，心气旺盛，血运正常，鸡的行为行动才能正常。肝与肺是互利共存的关系，只有肝气盛，互相协调顺畅，才能互惠互利，全身气机调畅。肝肾精血同源，正如《张氏医通》而言："气不耗，归精于肾而为精，精不泄，归经于肝而化清血"，即肾精化为肝血，肝血又养心血。由以上所述，肝、肺、肾是具有互动互利作用的，调达肝气则促肺、心、肾气调，鸡体才能健康。

春季生发，万物复苏、萌生，而病毒病菌也滋生传播，因此中兽医讲"春避瘟"，即传染病，此季以肝为主调理鸡体，可促进鸡体健康成长，提高其生产、繁殖能力。

为避瘟，春季可在鸡饲料中添加 5 千克绿豆，以清热解毒，同时每百千克饲料可加切碎的鲜大蒜，用以温中行滞，解毒杀虫。

为保护肝胆可在农历春分时节选用以下中药方剂（笔者研制）。

【中草药方剂之一】四味清热散

【组方】柴胡 30%，黄连 30%，黄芩 30%，甘草 10%。

【方解】柴胡泻肝火，黄连泻心火，黄芩泻肺火，因三味均为寒药，加甘草平缓。

【制作方法】将四味药分别研磨成末，然后拌料拌匀，密封备用。

【功能】降肝、心、肺火并解毒。

【用法用量】饲料中添加 0.35%，投药 1 周为一个疗程。

【中草药方剂之二】春避瘟散

【组方】柴胡 6%，黄连 20%，黄芩 20%，黄柏 20%，板蓝根 20%，甘草 6%，山楂 6%。补骨脂 2%。

【方解】黄连、黄芩、黄柏、板蓝根消肿解毒，同时降心火安神，柴胡疏通血脉，山楂健脾运化，补骨脂滋肾阴壮阳气。

【功能】健脾开胃，解毒消肿泻火，壮阳固本，扶正避邪。

【用法用量】预防量 0.4%，治疗量 0.6%，拌料拌匀。

二、夏季护心气血旺盛

按中兽医理论，夏季应心，心与小肠互相络属构成表里关系。心与肺的关系是血与气的关系，心肺通力配合，气血周身畅通，正气旺盛，鸡体健壮，肺宣发强、脾统血统，心肾水火既济，阴阳互补，所以夏季养心五脏安和。

夏季鸡饲料要注重苦味、红色才能养心血。菜籽粕（饼）微苦，可加在饲料中加入 5% 左右代豆粕。还可在饲料中添加黄连 0.3% 或黄柏 0.3%，用一周隔一周再用一次，以泻心火。夏季天气炎热，一定要供足洁净的饮水，喂料避开炎热的中午，建议在早上 7:00 之前，下午 17:00 之后喂料，以促鸡多饮食壮体抗热邪。

三、长夏健脾运化通畅

长夏应脾，脾应味甘色黄，脾与胃为表里。脾主运化是指将鸡食入水谷化为精微物质，散布全身。脾主统血即将升清营养注入心肺、头目，化生为血，并贮于脾内供心调动。

长夏气温高，降水量大，湿度大，并且气压低，鸡体没有汗腺，造成鸡体呼吸受阻及心脏血压升高、血液循环受阻，导致脾运化不畅，造成食欲减退，精微物质缺乏，抗热邪无力，造成中暑病态，这阶段养鸡要精心护理。

长夏宜健脾开胃，让鸡食入足够水谷，正常腐熟（消化）运化为精微物质，滋阴降阳，平衡阴阳。因此，首先应做好鸡舍的通风降温工作，其次可在饲料中添加健脾、解暑祛湿的饲用原料。如黄玉米或黄豆粕（健脾），绿豆或薏米或薏仁（解暑祛湿，添加量为 0.5%），甘草（解暑祛湿，添加量为 0.3%），薄荷（解暑祛湿，添加量为 0.1%）。

【中草药方剂之三】解暑祛湿散（笔者研制）

【组方】藿香 20%，薄荷 23%，黄芩 18%，柴胡 15%，砂仁 12%，木贼 12%。

【方解】藿香归脾、胃、肺经，止呕，解暑。薄荷归肺经，疏风散热，清利头目。黄芩归脾、肺、胆、大肠、小肠经，清热泻火解毒，降肺火。柴胡归肝、胆、肺经，发表和里，升举阳气，舒肝，解郁。砂仁归脾、胃、肾经，化湿行气，止泻。木贼归肺、肝、胆经，疏风散热，明目退翳。

【功能】解热祛湿，防中暑，促脾气运化，疏风散热，发表和里，舒肝解郁，明目。

【主治】适用于温度超过 30℃，湿度超过 60％时。

【用法用量】拌料拌匀，或用沸水浸泡 20 分钟待温后让鸡饮水或拌料。预防量 0.3％，治疗量 0.6％，连用 5～7 天。

四、秋季理肺促宣发萧降

秋季天干物燥，通宣理肺最重要。鸡与其他禽的呼吸系统结构与哺乳动物的区别很大，其不仅有肺、气管、支气管，而且还有 9 个气囊，行双重呼吸。这种呼吸系统结构使得鸡对空气的敏感性强，肺及气囊共呼吸、宣发肃降，集肺血通肺气，即肺朝百脉。肺与肾共同完成吐谷纳新，阴阳互相滋生，与脾完成水液代谢，保障宗气形成，护卫肌体。因此，秋季调理肺气也可促进五谷精微正常运化，促使血脉畅通，肾阴阳相对平衡，使鸡能贮备能量以适应冬季寒冷的环境。

肺应辛味、白色。秋季应在饲料加 5％～10％的白玉米，或碎粳米，也可加高粱。中秋时节饲料中可加 0.2％辣椒面或 0.2％黄芩粉。同加 0.2％陈皮粉，以通宣理肺，防咳喘症发生。一般喂 7～10 天为宜。

中兽医认为秋季易发流行性感冒，为此推荐两个防病方剂。

【中草药方剂之四】秋避感散

【组方】黄芩 25％，山楂 20％，木香 15％，麻黄 20％，甘草 20％。

【方解】黄芩归脾、肺、胆、大肠、小肠经，清热泻火，解毒。山楂归脾、肝、胃经，消食化积，活血化瘀。木香归脾、胃、胆、大肠经，行气止痛。麻黄归肺、膀胱经，解表散寒，宣肺平喘，利水消肿。甘草归肺、脾、胃、心经，补脾益气，祛痰止咳，清热解毒，调和诸药。

【功能主治】补脾益气，通宣理肺，解表散寒，通畅吐纳，清热泻火，止咳定喘。

【用法用量】农历秋分使用。五味药分别粉碎后拌匀，再混料拌匀。预防量 0.3％，治疗量 0.6％，连用 3～5 日。

【中药方剂之五】咳喘宁

【组方】黄芩 20％，荆芥 12％，紫苏梗 10％，防风 10％，板蓝根 20%，甘草 10%，薄荷 8%，桔梗 10%。

【方解】黄芩归脾、肺、胆、大肠、小肠经，清热泻火，宣肺解毒。荆芥归肺、肝经，收敛止血。紫苏梗归肺、脾经，理气宽中。防风归脾、膀胱经，解表祛风，胜湿解疼。板蓝根归心、胃经，清热解毒，凉血利咽。甘草归脾、肺、胃、心经，补脾益气，祛痰止咳。薄荷归肺、肝经，利咽透疹。桔梗归心、肺、膀胱经，发汗解肌，温经通阳。

【功能主治】宣肺解毒，益气凉血利咽，清热解毒，通调水道，稳心，避感，平喘止咳。

【用法用量】农历秋分使用。八味药分别粉碎后拌匀，再混料拌匀。预防量 0.3%，治疗量 0.6%，连用 3～5 天。

五、冬季滋肾阴壮肾阳

冬季天寒地冻，万物藏眠。按中兽医理论，咸味、黑色与肾、膀胱、胃、耳归类。肾是藏精之脏。这里的精是指肾阴（元阴），是构成有机体生命运动的基本物质。它包括宗传之先天之精和五谷化生的精微物质（即后天之精）。先后之精融为肾之精气，起温煦作用，促进鸡体能量代谢。肾与肺、脾协同呼吸（吐谷纳新）和水液代谢。肾还主骨、生髓。我们养鸡多为秋季育雏，冬季育成，由此可见在冬季滋肾阴壮肾阳尤为重要。在冬季，适龄产蛋鸡由于受温度湿度、光照强度、光照时长等不利因素影响，若肾气不足则大大影响产蛋率。由以上两种情况可见，冬季健脾开胃，通宣理肺，濡养肾阳壮肾是重中之重。

在饲养管理中人为调整鸡舍温度以 18℃ 为宜，不应低于 10℃，相对湿度不低于 40%，光照时间随年龄增长调整，产蛋不低于 14～15 小时为最佳。为护肾保肾，在饲料原料中应减少黄玉米，增加白玉米、粳米、高粱和黑色黏玉米。蛋白质饲料原料适当减少豆粕，增加亚麻粕、菜籽粕、黑豆粕、芝麻油渣，护肾通经。

为使冬季青年鸡正常生长发育，产蛋鸡正常生产，推荐 2 个方剂，供参考使用。

【中药方剂之六】催生长五味散

【方剂源流】张国增于 1993 年冬对 2 批中华宫廷黄鸡使用。一批 7～18 周龄，存活率 99%，12 周龄均匀度 87%。另一批 5～16 周龄，存活率 98.6%，12 周龄均匀度 89%。

【组方】女贞子 15%，菟丝子 10%，补骨脂 10%，猪骨粉 35%，小球藻粉 30%。

【功能主治】滋补肾阴壮阳气，益添髓补精。

【用法用量】此方如缺小球藻粉可用螺旋藻粉同量代替。没有猪骨粉可用同量的牛羊骨粉代替。此药分别粉碎后混匀备用。7～18 周龄每隔 3 周投药一次，每次占日粮 0.8%，1 周为一疗程。

【中药方剂之七】壮阳散

【方剂源流】张国增于 2000 年研制。在北京西宝三合养殖场，用 40 周龄中华宫廷黄鸡母鸡于冬季进行试验。此批母鸡 860 只，投药在"三九"第一天，最低温度 8℃，投药前产蛋鸡周产蛋率 38.2%，投药 2 周后产蛋率达 51.4%，投药前平均每周死鸡 2.1 只，投药后 3 周仅死亡 1 只。

【组方】菟丝子 15%，补骨脂 20%，锁阳 15%，黄芩 15%，陈皮 15%，山楂 20%。

【功能】健脾开胃，通宣理肺，滋补肾阴壮阳气。

【用法用量】每味中药分别粉碎，混料拌匀，备用，投药量为日粮的 0.35%，喂一周停一周，饲喂最少 1.5 个月。

以上是笔者试用的按气候五季为鸡群保健的粗略方剂，由于我国南北地区气候等自然环境不同，编者仅起到抛砖引玉的作用，请读者按当地不同条件、不同品种改进使用。

第二节　中草药代替疫苗免疫

免疫的目的是提高鸡体的免疫能力，用中兽医的语言表达就是扶正祛邪，不使病毒、病菌等泛滥致病。提高免疫力主要从以下几个方面入手：一是选育抗病能力强的鸡种；二是，按照各品种鸡的饲养标准提供适宜其生长、生产的饲料、饮水等，确保营养全面、均衡、可满足其需求；三是给不同年龄的鸡创造适宜其生理特点的条件，如适宜的温度、湿度、光照、密度及适时免疫等；四是做好隔离消毒。

一、中草药免疫的意义

鸡场常发的疾病有甲型流感、新城疫、传染性法氏囊病、鸡传染性喉气管炎、传染性支气管炎、马立克病、脑脊髓炎，目前鸡场主要通过接种疫苗的方式进行免疫预防。疫苗免疫如同一个军人打靶，一人对准一个靶子，哪一种疫苗就对准哪一种病。例如马立克病疫苗只对马克病有效，对其他疫病无任何作用，甚至还可能有副作用。中草药则可对五脏六腑进行全面调理，促使其生理功能正常发挥，并增强免疫系统的作用，以提高抵御外邪的能力，而且无毒副作用。

二、中草药免疫生产 SPF 鸡

(一) 中草药免疫的起因和尝试

1996 年笔者所在养鸡场曾向日本出口一批中华宫廷黄鸡，他们要求我们为其生产非免疫鸡，因此，我们在生产过程中全程采用中草药预防疾病，饲养的这批鸡无一发病，并于 160 日龄屠宰出口。

2008 年北京西宝三和养殖场对饲养的中华宫廷黄鸡，一直坚持采用中草药预防，并治疗疾病，连续 6 年未发生疫情。河北汇珍养殖有限公司于 2016 年引进中华宫廷黄鸡，在饲养过程中，一直采用中草药、防病治病，连续 3 年未发生疫情。

(二) 中草医免疫程序

我国以 20 世纪 70 年代开始进行机械化养鸡至今已有几十年，根据鸡的发病规律研究出了按日龄开展疫苗免疫的工作程序，笔者依次类推，提出了在鸡育成期实施中草药免疫的程序，见表 5-1。

表 5-1　鸡育成期中草药免疫程序

日龄	组方名称	防病种类	用药方法
1	壮雏散	白痢	沸水泡液饮水
8~12	四黄败毒散	新城疫、传染性法氏囊病、传染性支气管炎	均匀拌料
25	防痘散	鸡痘	均匀拌料
60	四黄败毒散	新城疫、大肠杆菌病	均匀拌料
70	咳喘宁	禽流感、风寒感冒、传染性喉气管炎、传染病支气管炎、慢性呼吸道病	均匀拌料
90~100	黄白止痢散	黄痢、白痢、红痢	均匀拌料
110~120	春避瘟散、秋避感散	禽流感、咳喘和普通感冒	均匀拌料

【中草药方剂之八】壮雏散

【组方】黄芪 25％，当归 25％，陈皮 20％，山楂 20％，甘草 10％。

【方解】黄芪归脾、胃经，主补气升阳，当归归肝、心、脾经，补血、养血、活血。陈皮归肺、脾经，理气健脾燥湿。山楂归脾、胃、肝经，消食行气。甘草归脾、胃、心、肺经，润肺解毒调和诸药。

【功能主治】健脾开胃，补气生血升阳，理肺疏肺，扶正气祛邪气。适用于预防雏白痢，提高免疫力。

【用法用量】各味药粉碎，用时混拌均匀，雏开食时投入饲料中饲喂。用量占饲料的 0.3％，饲喂 5~7 天。

【中草药方剂之九】四黄败毒散

【组方】黄连 15％，黄柏 20％，黄芩 10％，大黄 5％，白头翁 10％，板蓝根 10％，龙胆草 10％，骨碎补 10％，麦芽 10％。

【方解】黄连归脾、肺、胆、大肠、小肠经，清热燥湿，泻心火解毒。黄柏归肾、膀胱经，清热燥湿解毒，退虚热。黄芩归脾、肺、胆、大肠、小肠经，清泻心火解毒。大黄归脾、胃、肝经，凉血解毒祛瘀，止痢。白头翁归胃、大肠经，清热解毒止痢。板蓝根归胃经，抗病菌和病毒。龙胆草归肺、胆经，清肝胆实火。骨碎补归肝、肾经，补肾壮骨。麦芽归脾、胃经，行气消食，健脾开胃。

【功能主治】清热解毒清肿，理肺滋肾阴，壮筋骨。适用于预防新城疫、传染性支气管炎、传染性法氏囊病、大肠杆菌病。

【用法用量】8～12日龄、60日龄分别喂一个疗程。各味药分别粉碎，用时混拌均匀。每个疗程按日粮0.3%拌于饲料中，投服5天停药。

【中草药方剂之十】防痘散

【组方】板蓝根50%，黄芩30%，甘草15%，麻黄5%。

【方解】板蓝根归心、胃经，抗病毒和病菌。黄芩归脾、肺、胃、胆、大肠、小肠经，清热解毒理肺。甘草归肺、脾、胃、心经，润肺护肤。麻黄归肺、膀胱经，解表散寒，宣肺平喘，消肿。

【功能主治】解毒润肺，解表消肿。适用于预防痘病。

【用法用量】从雏24日龄开始服用。各味药分别粉碎，用时混拌均匀。按饲料的0.4%添加，连用5～7天。

【中草药方剂之十一】咳喘宁

【组方】荆芥10%，防风10%，黄芩10%，板蓝根10%，甘草10%，生石膏12%，桔梗8%，薄荷10%。

【方解】荆芥归肝、肺经，祛风解表，透疹止痒。防风归肝、脾、膀胱经，祛风解表，祛风湿。黄芩归肺、脾、胃、胆、大肠、小肠经，清热解毒，润肺止咳。板蓝根归心、胃经，清热解毒。甘草归肺、脾、心经，润肺止咳。生石膏归胃经，清热泻火，除烦止渴。桔梗归肺经，祛痰利咽。薄荷归肺、肝经，疏散风热，疏肝解郁。

【功能防治】清热解毒，祛风解表，宣肺祛痰。适用于预防禽流感、风寒感冒、传染性喉气管炎、传染病支气管炎、慢性呼吸道病。

【用法用量】适用于70周龄青年鸡。各味药分别粉碎为末，用时混拌均匀，用量占饲料0.4%，连用5～7天。

【中草药方剂之十二】黄白止痢散

【组方】黄柏14%，黄芩12%，白头翁23%，板蓝根7%，苦参

14%，秦皮 18%，鱼腥草 12%。

【方解】黄柏归肾、膀胱经，清热燥湿，解毒退虚热。黄芩归脾、肺、胆、大肠、小肠经。白头翁归胃、大肠经，清热解毒，凉血消斑，清肝定惊。板蓝根归心、胃经，清热解毒，凉血利咽。苦参归心、肝、胃、大肠经，清热燥湿，杀虫，利尿。秦皮归肝、胆、大肠经，清热解毒，燥湿止痢。鱼腥草归肺经，清热解毒，消痈排毒。

【功能主防】清热解毒，清肝凉血，燥湿止痢。适用于预防大肠杆菌病、沙门氏菌、球虫病等引起的黄痢、白痢、红痢。

【用法用量】适用于 100 日龄青年鸡。将各味药分别粉碎为末，用时混拌均匀，饲料中添加 0.3%，连用 5～7 天。

青年鸡最后一次中草药免疫在 100～120 日龄。因为鸡所处环境条件不同，引起发病不同，所以可根据不同季节选用不同方剂。例如，春季用春避瘟散，长夏用解暑祛湿散，秋季用秋避感散。冬季用壮阳散。

第三节　做好易感瘟疫年和鸡种治未病

一、针对天年而防病

这里的天年是指某种传染病发作之年。鸡与其他动物一样同生存在天地之间，秉受于阴阳的天候之间，生存受之于五行相生相克的自然辩证规律之中，由于特殊（或称反常的年份）气候失常，造成某种病毒或病菌妄行，则会发生某种病在此天年防不胜防。

二、针对易感鸡种防未病

一个鸡种往往由于不同地域自然选择和人工选择的不同，对有些疫病有抗病能力，对有此疫病则易感。笔者曾养过艾维茵快大鸡、迪卡产蛋种鸡、中华宫廷黄鸡。亲身经历过艾维茵快大鸡因饲料中添加雌激素和抗生素被破坏免疫系统而易患传染性法氏囊病，迪卡产蛋种鸡由于自美国引进对北京环境适应慢易患新城疫，而中华宫廷黄鸡在育成期易患传染性喉气管炎。因此应针对易感鸡种防未病。

第六章　鸡病诊断方法

无论是未病（健康鸡）还是已病未发，都需要对鸡群体、个体进行诊断，才能判断未病、未发和已病，对病鸡才能准确、有针对性地饲养调理与治疗。

为了对患病鸡由个体至全群做出正确诊断，必须掌握其全部病情资料。鸡"言"人不懂，所以只能根据其行为，结合兽医经验进行判断，诊鸡病难于人病，对此《鸡谱》早已指出："大凡禽类之疾虽与人同，但其难明之故更甚焉。夫人有望、闻、问、切四法，其易知耳。鸡但可存一失三法，安能得其真切也。三法者，闻其呼吸不能；与人对答及问其病不能告诉；切之以脉，无脉可诊，故鸡之病，所以难养也。大凡鸡有病，食少懒餐，精神减少。"由此可见，对于鸡病的诊断仅能有望、闻、问、触四诊法。

鸡与其他动物一样，机体乃是表里相连、内外相应的整体。它们的五脏之间相生、相克，六腑之间相互承接，脏腑之间表里相合，脏腑与体表之间又存在归属开窍关系，因此，鸡体以五脏为中心，形成了内外联系的统一整体。中兽医以整体观出发，由局部病变可知全身状况，内脏的病变可以从五官八窍、四肢体表各个方面反映出来，通过对鸡在疾病过程中所表现出的症状和体征进行观察，可了解疾病的病因病机，从而为辨证施治提供可靠依据。

第一节　望　　诊

所谓的望诊，即兽医通过肉眼仔细地观察病鸡周身和局部的状况及其分泌物、排泄物，以获得病情资料的一种可靠方法。

望诊时应了解鸡的品种特性和个体年龄，以避免获得错误的病情资料，造成错误的判断和治疗。比如鸡正常换羽时，往往被误认为是病症。

在鸡常态下进行望诊才准确，但要保持常态比较困难，因为鸡胆小怕惊，所以医者在观察时，要由远而近，由群体到个体，要声低步缓，绝不能惊动鸡群，否则不能望得实况。兽医深入群体时，为避免鸡群对来者因陌生而惊，可换上饲养人员的服装，再与其接近。

一、望鸡群形态

望鸡群形态，即由鸡的外貌观察精神状态，包括外貌整体，行、飞、饮食等姿态，以及羽、皮、趾等各部位。

（一）望神态

神，即我们所讲的精神状态。神，是中兽医对动物健康与否的第一感觉依据，是动物体生命活动的外在表现。神与形体是统一的整体，不可能单独存在，只有形健方能神旺，形衰必出现神惫。通过观察鸡神态的变化，可以判断机体脏腑、气血、阴阳的变化，以及病位的深浅程度，根据病情的轻重方能预测病势。

鸡耳、目反射均灵敏，所以很机警。耳目反应是同时并举。鸡体健康定然精力充沛，一旦遇到声音或响动会立刻仰起头，四处张望，并做出逃跑的准备。笼养鸡、散养鸡由于久听某种声音或响动或动作形成耳目适应，表现无动于衷，如饲养员的动作、声音、喂水喂料的声响，都属于正常，鸡群不会有异常反应。当饲养员喂料时，笼养鸡鸡头立刻伸出笼外，争抢食物为精神饱满；若鸡群不争食夺饮，则为病态。

鸡个体小，往往近距离才能望清神态如何。对鸡有神、无神，以望头为准，凡有神之鸡，无论是什么姿态，遇陌生人、针毛动物，总是立刻抬头，反应灵敏，此为无病状态；若不鸣叫，不行动，定有病，症在身。如果头低、尾耷，甚至定身、定卧，人近无动于衷，此为病势已重，脏腑内亏、气血不畅，正气已伤，邪气已胜，难于救治。若发现鸡眼圆大发亮，冠和肉垂、羽毛均如涂脂，被阳光一照发亮，此为神足而固；若眼闭、头低，冠和肉垂苍白、黑紫，羽毛无光、蓬乱，有响动和人接近知避、知望，此为正邪相搏，立刻救治，能够拯救生命。鸡视力与人相同，有光即有视力，无光则无视力，在暗光下呆立不动，但人近前时反应灵敏，此为有神；若手触而不动，此为失神严重，病情严重，已难于救治。

（二）望形体动态

鸡体况健康与否，除神态外，形体是第二个标志。中兽医生理观是以形体与五脏六腑相应来判断体况的。鸡的品种很多，因此，望形体动态之前，首先要了解品种的形体特征。对同一品种，还应了解其日龄，因为日龄不同而外形有异。若青年鸡正在正常换羽，把它作为病态脱羽，这便适得其反。

鸡身强体壮是健康的标准。身强是指青年鸡体重符合增重标准，群体均匀度好，体形基本一致。体壮指鸡五脏六腑与外形相应，符合该品种要求的体重或生产指标。鸡的肉用、蛋用、药用经济性状或兼用性状，从外貌看，一般产蛋性状应于外貌是腹部膨大，产肉性状应于外貌是胸宽大，药用品种除丝毛乌骨鸡、中华宫廷黄鸡外，均为兼用品种，外貌区别较小。

望形体首先是望全身羽毛，羽毛光亮而整洁，并紧贴于肤体，为健康鸡；蓬乱、无光、立羽、反毛为病态。鸡头部羽短紧凑，产蛋鸡肉冠、肉垂红润色艳，休产鸡色淡红而润亮为健康鸡。笼养鸡头全部伸出笼外而注视；病态鸡不动而无法动为腿脚病，卧而伸颈头动为内脏病较轻症，卧而头低为病危症。鸡有欺弱避强之行为，凡群集时，病弱者总是躲于群外围或僻静之处。

（三）查羽皮

前面望羽毛是指望群体羽毛，查羽皮则是针对个体鸡进一步查看。

正常换羽、异常换羽与脱羽。成年鸡和育成鸡（中雏）的羽毛有区别。从雏鸡到育成鸡，再到成年鸡，要经过三四次正常换羽，成年鸡一般是初冬或经历一个产蛋期而正常换羽。鸡正常换羽为健康状态，应换羽而不换羽为水谷供应不足，不该换羽时换羽或鸡脱羽，除水谷供应不足外，还常因化学污染、普通疾病所致。

观察羽毛方法：手抓两腿举与人眼同高，人由鸡身后向身前用力吹羽。青年鸡和刚换羽成年鸡，正常羽管必有线状血线清晰可见，翅和尾羽管血线更为粗长；若其他同龄鸡有血线，而个别鸡无血线，为体弱或病态。正常鸡经常用喙啄羽脂为羽毛涂脂梳理，所以羽毛整洁而光润，甚至太阳照射会反光，显得非常漂亮；病鸡羽毛则暗淡无光而蓬乱。对于脱羽的鸡，要正确判断体况。正常换羽鸡，羽根基的羽管露头，色黑如点；病鸡很难找到表皮羽根基。

皮外伤。雄鸡为争当霸主，经常争斗啄破皮肤，创面粗糙；撞伤多为紫色瘀点或表皮裂而创面较平；疥癣或外寄生虫病鸡皮肤粗糙，有片状斑疹、血疹，皮屑、羽毛脱落，鸡用爪抓痒或用喙啄；皮肤感染金黄色葡萄球菌，多为化脓灶。

皮肤痘疹。鸡痘是由病毒引起的，多见于腿和面部，一般多在湿热季节发生。

鸡啄皮症。笔者曾用红药水为换羽裸体鸡涂抹背部进行试验，发现涂红药水鸡经过鸡群时，其他鸡所见者无不啄之；立刻涂紫药水后，其他鸡所见者个个都避之。家鸡、野鸡同具喙皮症，尤其是产蛋鸡开产或间歇期后产蛋被啄肛常有发生。

二、望官窍

鸡的眼、耳、鼻、口等官窍不但是五脏之外应，而且是多条经脉贯通之部位，因此，由官窍可知脏器正常与否，可知鸡体健康与否。

（一）望眼睛

鸡的眼睛生长突出，所视面广。一旦其他动物由身后及四周进入视线，均会惊叫逃跑。鸡视物广，而且眼转动自如、灵活，为健康；若见眼睛晦暗无光，目光呆滞无神，不知避兽接近，则说明肝、心已伤，病重难医。

鸡眼睛瞳仁色黑，眼球色黄为正常，若出现下凹或白膜，表明眼瞎失明，若单眼失明，独眼视物则会侧头望物。若眼球黄色变红，则为肝火或心火及眼；若瞳仁（孔）散大，多为中毒。

（二）望耳

耳为肾之外窍，与3条经络直接相通，与其他9条经脉相系，因此，耳是信息灵通之官窍。鸡耳灵敏情况是肾及其他脏腑生理功能正常与否的反映。

鸡耳的灵敏度高于马、牛等哺乳动物，一旦听到响动或声音，立刻高昂头四处寻找，或遇临近声音立刻飞走、奔离，逃之夭夭；在视听感觉到对身体威胁严重时，常以顾头不顾尾的方式将头藏起来。以上均为健康鸡正常耳的作用。若鸡群遇险时某只鸡不似其他鸡立刻逃跑，其不逃、不避或后于其他鸡行动，定为耳聋，多为肾病造成。若遇险不做逃跑动作而原地不动者，定为脏腑衰而无力行动，已是病势严重，并非是耳失灵。

鸡耳叶较小，形如人耳轮，不会像猪、马、牛、羊、兔耳一样自我活动。耳肿胀，由外望而不显，只见摇头，或用爪挠耳叶，则外耳皮肤有疾；抓耳孔前下方者，内耳有症；耳孔湿或有血色湿者，多化脓；鸡头左右摆动，多为耳炎；头上抬下点，多为内耳有水或异物侵入。

（三）望鼻

鸡鼻为肺之外官窍。鸡左右两鼻孔长于上喙根，鼻孔大小固定，无可变开张，只可见流涕、结痂等。

鸡正常情况下两鼻孔相通、眼鼻相通，鼻孔洁净而明显可见，无涕和分泌物，但感染禽流感、传染性喉气管炎、传染性支气管炎时，可见鼻孔染尘或流涕，而痰则由口中经鸡摆头甩出。若患鸡痘，则出现创面结痂。

鸡鼻的嗅觉功能极不发达，对五味更不灵敏，采食主要靠视觉功能，因此，对鸡望鼻而诊病作用不大。

(四) 望喙

鸡喙呈角质化，与骨性质相同，口腔内半角质化，因此，很难察口之色，舌之苔。鸡喙是脾之外应，脾为后天之本，气、血、髓、津液生化之源，因此，喙之变化不仅可以反映脾气的盛衰，同时也能反映心、肝、脾、胃的状态。

健康鸡的喙端正，厚而坚硬，啄食食物快而灵活，而且对蚂蚱等昆虫也啄食自如，甚至对砂砾也可吞咽；病鸡啄食慢、有间歇，多为脾气不足，运化不良，或喙有创伤所致。

鸡还常见上下喙交叉，此为遗传之病症，会导致鸡饿死，或是啄其他鸡成为"害群之马"。

望口腔。鸡舌半骨质化，上、下腭也呈角质化，舌的血脉于内，即便是健康鸡也只见白而微红，难于察色。脾、胃病态鸡则见白而根本无血色。若鸡患鸡痘，则可见喙角结痂等。

鸡有涎。健康鸡从未见有涎从口中流出，如倒吊则见流出。鸡患呼吸系统传染病时，偶见涎从口角流出，或流出后沾上饲料或者土、沙之物。如果发现鸡口角流出大量唾液，则鸡已处于病危或濒临死亡。

三、望其他

(一) 望鸡肉冠

《本草纲目》(禽部 48 卷) 称鸡冠为"鸡头丹"，并称之为"头者阳之会"，且讲"冠血咸而走血透肌，鸡之精华所聚，本乎天者亲上也"。由此可见，望鸡冠之色极为重要。

健康鸡冠形各异，但均为淡红、宝石红色。雌鸡产卵期透红如红宝石，休产期淡红有油润之色，青年鸡红、白、黄相间。雄鸡肉冠大，而随同性成熟逐渐变红而大，性衰期则淡红而小。

病鸡肉冠：雌鸡成年鸡除休产期外，凡阴盛阳衰者冠白色淡，而无光泽者，多为心、肝之症；阳盛阴衰之病，多为冠色紫或冠齿黑色，此多为中毒、发热、脏腑炎症。鸡冠逐渐变色者，多为普通疾病；变色快者多为急性传染病。鸡病态如何，望冠色则辨明。

（二）望尾

鸡尾功能甚多，与鸡的运动关系密切，尤其是飞奔时它起舵之作用，降落时尾的开闭、摇摆可降低速度，起平衡着陆之作用。雄鸡的尾羽既是求偶的标志，也是雄鸡性成熟的第二性征。凡雄鸡尾部大镰羽、小镰羽生长齐全、高翘、光照油亮者，为性成熟之体征。

鸡遇声响抬头、尾高翘者，为身体健康；而低头尾耷，多为脾虚胃降受阻而精神萎靡者。头抬尾挟，多为胆郁肝火盛之举。尾耷、行缓慢者，多为鸡白痢、球虫病严重者。立卧摇尾不止者，多为体外寄生虫侵袭、痛痒之感表现。尾翎脱落时，雄鸡体弱，精液不良，不能配种；雌鸡体弱，不能产卵和受精。尾羽干枯，散而无光，是年老、体弱之体征。

（三）望饮食

望饮食包括饮食欲和食量。

脾主水谷之运化，开窍于口，胃主受纳，小肠主腐熟（消化、吸收），大肠主排泄，都将影响鸡的食欲。其他脏腑也间接影响鸡的饮食欲和食量。食欲的强弱，反映"胃气"的兴衰。鸡食欲怎样，关键看每日初喂食情况。若见鸡蜂拥而追食者，笼养鸡扇翅头探笼外者，为健康鸡。反之，则为病鸡。凡见水遇食，其他鸡争抢不休，而个别鸡无动于衷者，病势严重，应立刻诊治。

任何事物都不是绝对而静止的。笔者1989年望诊一群患新城疫的艾维茵鸡，群鸡都在争抢啄食，突然有的鸡跳起，尖叫两声而落地，摇动几下而死亡。此事例告诉我们，仅仅望饮食不能对某些传染病做出诊断，要综合确诊。

望鸡选食而诊营养缺乏症。散养或放养鸡，它们对食物的营养成分选择性很强。鸡初遇食先是争抢大粒食之，尔后择缺项采食，如缺蛋白的选饼粕；缺钙磷的，选骨粉或含钙石粉或陈石灰；缺维生素的放养鸡则追逐绿草嫩枝条食之，等等。

（四）望翅肢

鸡的两翅、两肢为四肢。鸡翅肢是由骨筋、肌肉构成，肾主骨筋，脾主肉。翅肢由 12 条经脉相系。鸡的脏腑病都直接或间接波及翅和趾爪。望翅肢很重要，绝不可忽视之。

马立克病侵四肢髓，致使翅肢麻痹、无力再活动，常表现为翅展后不回收，单腿蹦，严重者双腿前屈于胸前或前屈一肢后伸一肢，还有两肢劈叉者，形状不定。

肢细、羽毛干枯，或雌鸡产卵期营养缺乏，多为脾衰，肺宣发肃降不利。翅肢骨折，多为肾虚衰，骨不坚。从现代医学角度分析，钙、磷、盐等矿物质不足而致使肾气不足，坐骨筋膜营养缺乏。这种骨折多见于产蛋母鸡的产蛋期，尤其是产蛋高峰期。

注意：雄鸡在配种繁殖期，只见尾随母鸡做交尾姿势而不跳上母鸡背部，多为腿病；跳上母鸡背而不交尾，多为肾精不足，即使交尾而无入肛门内，雌鸡肛外如水湿羽毛，此为阳痿早泄。二者要区别看待。

（五）望独阴与粪便

望独阴。哺乳动物生有二阴，而鸡排尿、排粪、生殖均经肛门，因此，称独阴（独阴内称泄殖腔，外称肛门，在此指肛门一窍）。

鸡肛门周围肌肉弹性强，正常情况向里收缩，肛门外围只可见细毛，如有炎症，可见黏膜外翻，或有伤口。凡鸡肛门有伤者，必有多只鸡追逐而啄之。雌鸡肛门伤多是由于刚刚开产，鸡产蛋时蛋个大，或者是产蛋间歇后再开产所造成的创伤。

望粪便。对鸡的很多传染病可通过粪便可以辨别。正常鸡粪便为圆滩状，落地成堆。一般鸡矢（粪）色上为白，下为黄。白色部分在《本草纲目》中称鸡矢白，是一味中药。鸡的粪便无形状者为异常状态。鸡新城疫、传染性法氏囊病等传染病，排绿色稀汤样便。鸡白痢，粪便色如白石灰。鸡轻度球虫病，粪便夹带血丝或稀便，严重时血红色。鸡大肠杆菌菌，粪便黄褐色、稀薄，严重时为黄灰色稀汤样。鸡消化不良，粪便稠、黄色，便中见有小颗粒物。肛门外羽毛随色沾染，同为辨病之依据。

第二节　闻　诊

鸡是小型动物，它的声音与动作是并举的，仅仅通过听诊难于诊病，只有视、听、嗅结合，才能作为诊病的依据。

如果说望诊主要是对群体而言，那么闻诊主要是个体。闻诊包括看动作、听声音、嗅味道三个方面，只有综合判断，才能做出诊断。鸡的品种很多，每个品种又独具特点，诊病很难，因此只有多实践、多观察、多总结，才能做到有效的闻诊。

一、闻喜悦

鸡喜为心所主，心平、脉缓、精神爽，表现为摆尾、抖羽、拍打翅膀。鸡沙浴后和公母交尾后经常有以上动态。鸡天热时寻找到通风阴凉处，或天冷晒太阳时都会出现喜悦行为。若群鸡或多数鸡喜悦，个别鸡呆立或呆卧，则可能心率过速、气血不畅所致。例如：产蛋期公鸡追逐母鸡交配，其他公鸡追母鸡而个别公鸡无动于衷，即心病之表现。

母鸡报喜。当母鸡产完蛋、站立后就立刻高声"嗒嗒""呱嗒嗒"地叫个不停，见到主人、饲养员后更是高叫不停。有的母鸡产完蛋后，站立望蛋又卧久而不起，此为就巢。以上两种均为正常生理现象。偶见母鸡无蛋就巢，多为卵黄掉入腹腔，可见腹大如球，此为病态。

雏鸡喜悦。雏鸡初生健康者，"叽、叽、叽"地叫个不停，此为健康之雏；弱雏则低头闭目无声。10天后，健康雏鸡一边"吱呦、吱呦"地叫，一边扇动翅膀奔跑；呆立不动，或"吱哪、吱哪"地尖叫，卧而不动者，多为腿病，心有余力不足。只跑叫，不扇翅者，多为翅根有伤。

二、闻悲伤

鸡悲为肺所主。鸡对气候变化比人要敏感，往往先知。若夏季晴天，鸡在窝中、笼中静立或静卧，发出低调的"咕儿、咕儿"的声音，尤其夜深人静时听得更清楚，此后天气必有阴沉或下雨的变化。

鸡伤或病后悲哀举动很多。一旦一只鸡外伤出血，其他鸡只要见到，都蜂拥而上群起而啄之，被啄鸡缩头"咕哪、咕哪"叫着，先躲避后忍之。公鸡争地位（争地位即俗话说的"争当霸主""争风吃醋"），败者低头沾血而逃之。弱小鸡在群中被啄，"咕咕"叫着乱窜。母鸡见自孵雏鸡死去，发出拉长的"咕咕"声音，啄其起来。

鸡患严重传染性喉气管炎、传染性支气管炎时，边"咕咕"叫边甩痰，夜静时呼噜声明显。

三、闻怒

怒为肝所主。肝火盛，鸡生怒。鸡怒表现为公鸡争地位，母鸡争食物。

公鸡因品种不同，性成熟有异，一般地方品种 20 周龄性成熟，同群公鸡便开始争地位，斗的头破血流，凡争者为体质健康，凡不争，见"霸主"东藏西躲者，多数是有疾在身，怒气不可发。公鸡还有另外一种情况，即护群而"怒气冲冠"，羽毛直立。当陌生人或其他动物进入鸡群，"霸主"公鸡为保护群体，立刻勇往直前，奋不顾身地去啄赶。笔者养的中华宫廷黄鸡每批、每群散养或放养鸡都有"霸主"公鸡出现。

当笼养喂料时，成年鸡或育成鸡都会出现为争食怒啄其他鸡，并且"呱哇、呱哇"地叫，此为鸡群身体健壮之现象。此时凡背向食槽、料桶者，多为体弱或病鸡。放养鸡、散养鸡这种情况更为突出。母鸡另外一种情况是护仔，"怒气冲冠"。母鸡，尤其是老母鸡，一旦遇到其他鸡或动物临近自带自孵雏鸡时，母鸡便会奋不顾身地冲向前啄、驱赶对方。

鸡怒多为头伸，喙伸，胫羽、胸羽直立，尾羽后展，身体下蹲，发出"哈哈"声音，此为正常。鸡被啄凡立刻下卧，无有反抗之举者，均为患疾者，如不及时施救则性命难保。

四、闻惊恐

鸡惊和恐，为肾与肝胆共主。

鸡惊和恐多有区别，惊多为防敌避敌，恐多为病。鸡惊多为听到未曾听过的动物叫声或响动，引起鸡自我呼喊，避敌之侵害的条件反射，此乃是鸡健康而神明的表现。在这种情况下，凡不知避敌，表现无动于衷的鸡，必然是病鸡。鸡恐多为肾虚、肝输血不畅。常见一群鸡中有的鸡无缘无故，突然"呱、呱、呱"急叫三声，引起全群乱飞、乱叫不止，致使鸡叫声、翅拍打声一时不止，不得安宁；笼养鸡头冲出笼自己"上吊"身亡，正在产蛋母鸡往往造成卵黄坠入腹腔；放养、散养鸡造成鸡飞遍地，有的鸡甚至撞在石头、树木、拦网上，撞伤头脑而死亡。

有几种现象会造成鸡群惊恐：一是见到针毛动物，如猫、犬、狐狸等；二是放养鸡，天上有飞鸟，误认为是老鹰；三是听到哺乳动物怪叫声；四是车辆发动机声音；五是陌生人或穿与饲养员不同颜色服装的人。

鸡惊恐后首先是举头环视，并且"呱、呱"或"呱哇、呱哇"地惊叫，之后飞奔避敌，群体飞向新目标后，仰头张望，待自审视安全后重新聚群。

第三节 触 诊

一、触诊的方法

切脉是中兽医触诊诊断的一种重要方法，但至今没发现有关鸡的切脉部位及方法的任何文献。笔者曾多次对翅下动脉触摸，由于没有经验，仅能触觉心的微弱高频率搏动，其他收获甚微。因此，关于鸡的触诊方法不敢断言，只为后人起抛砖引玉之作用。

触诊前首先要保定好鸡，使其安定，然后才能触诊。保定时，左手由胸下向后伸，手指夹住两腿，则可将其保定，并可举落活动自如，右手可随时拨开羽毛查看和触摸，并嗅得气味。

二、触摸阴阳端

端即尽头，在此称身体的末端。阴端即爪垫。阳端，即肉冠。

手触阴端，脚垫距离动脉远，但仍是血脉通畅之处，必有体温存在，触之温度，可诊体况如何。健康鸡，春触温，夏触凉，秋触微温，冬触热感强。鸡阳亢阴端热，鸡阴虚阴端凉。

手触阳端。一身之阳气总汇鸡肉冠。健康鸡冠，色红而温，手摸有滑润感。阳衰阴盛，肉冠色白，手摸粗糙；阳亢阴盛，冠齿色紫，向根延深，手摸油黏感；中毒死亡鸡肉冠色紫黑，死亡当时冠热；拉稀脱水，肉冠凉，色淡白。

三、触独阴

鸡独阴担负着类似哺乳动物排二便、生殖两项生理功能。如用温度计（体温计）测体温也仅此一处。鸡独阴内称泄殖腔，外称肛门。肛门外由短羽覆盖，正常时，薄而淡红色，如血红色则多为炎症；如独阴周围沾灰白色排泄物为白痢，沾血色排泄物为红痢，沾草黄色排泄物为黄痢。

触腔诊，此为针对鸡的特色诊法，即触泄殖腔内容物、生殖器，此可检查母鸡当日是否有无鸡蛋，体内温度，泄殖腔内正常与否。触诊只能用食指，原因如下：一是泄殖腔短；二是食指细，而且触觉灵敏度高。

检查产蛋情况。正常母鸡临产卵前1～3小时，蛋已在阴道外口，食指伸入肛内即触硬圆物，即蛋马上要产出。如食指入3厘米，4小时不见产卵，则鸡久卧不产，定是阴道或肛门有肿症。另外，刚开产鸡产蛋时常因撑破肛门口而造成肛门口沾血，若被其他鸡发现，则易导致啄肛。

检查体温。检查体温只对成年鸡进行。触诊时，食指只能以指甲一侧朝向鸡背。鸡比人身体温度高，手伸入腔内必然有热感，如热感低，鸡多为泄泻或大肠结滞。但鸡无便秘之说。

　　检查泄殖腔。食指伸入泄殖腔触诊后，立刻移出，手指顺利而滑润地移出，如涂油脂之感，手指可见似水、似油的液体沾手，而无粪便，为健康鸡。实际上，手指上沾染的是泄殖腔液，无色，微有腥味。如果手指在泄殖腔内感到肌肉紧实，甚至不能入内，移出手指沾满鸡粪，此证明鸡泄殖腔有肿症，肾虚不能回收水液。若触诊时，食指指肚一侧朝向鸡背，手指肚感到发热而硬，鸡又因疼痛而挣扎乱动，多为生殖器有炎症或肿胀。手指肚向上触法氏囊位置，如感有硬块，鸡因痛而挣扎，说明法氏囊有炎症。

四、触腹部

　　触摸腹腔很重要，鸡的肝、胆、脾、肾、胃、大肠、小肠、泄殖腔、胰、胞宫都位于腹腔之中。人除左撇子之外，多数人都是右手触觉灵敏度高，都是左手保定鸡，右手以由腹下向上托抚或触摸。

　　触摸方法：触摸时手心在后，手指朝胸方向，先用手心感觉，后用手指感觉。手心多为大肠位置，指尖多为肝、胆、肌胃与脾的位置。触摸如同切脉，主要凭借经验获得诊断结果，来判断鸡体健康与病症的部位。

　　触摸的手掌心上托，复位感觉有弹性，为鸡脏腑正常，用手指单指上顶复原缓慢，说明腹内脂肪多而厚；当时或立刻下垂复原为脂肪存积少；如果是产蛋期母鸡，脂少而腹弹性强为高产母鸡。如果手托指顶有硬块感觉，多为母鸡卵黄坠落腹腔，时间较长结为硬块。若手掌用力上顶，鸡有痛感，立刻便稀，多为大肠杆菌，或沙门氏菌重度感染。若用中指上顶发现鸡乱动有痛感，多为肺有病灶或是肌胃、腺胃出现问题。若用无名指、小指上顶，鸡有痛感，多为肝、胆有问题。如果中指对准龙骨突然上顶，鸡疼痛乱动，多为心或肺出现问题。若见腹部明显下垂，色红，手触摸软而松，手松后甚至有水流声出现，定为腹水症。如果全手掌用力上顶发现鸡立刻抬头，多为胃肠

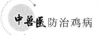

积实（食），消化不良。

五、触嗉囊

嗉囊为鸡吞下食物后贮存水谷的"贮藏室"，上连咽与口腔，下由食道通往肌胃，位于颈部下端偏右胸腔前。正常水谷进入鸡食道，尔后入肌胃。鸡饱食水谷后，嗉囊明显膨大，如采食整玉米粒，手触明显。夜间经过十多个小时消化系统对水谷的腐熟，嗉囊空空，如发现此部位仍然膨大，用手触摸与晚上食水谷同样状态，则为异常，可能是出现了积食。积食原因：一是水谷，尤其是干谷物积存太多，经嗉囊液湿润膨胀，不能下行；二是食入发霉、有毒物，发酵后不能下行；三是下食道发生肿胀，水谷下行受阻，不能正常运化。

第四节　问　　诊

问诊就是兽医向鸡的主人、防疫员、饲养管理人员进行询问，了解群体、个体及品种特点、历史、免疫、营养、温度、湿度、光照，以及发病前后鸡的症候，甚至还要查看鸡场日报、周报表；了解耗料量、免疫情况，尤其是青年鸡均匀度、成活率等，以便对群体或个体进行全面、综合分析，从而为做出诊断提供依据。

一、发病经过与治疗情况

现代养鸡均为群养，对群体威胁严重的是传染病，问诊调查首要考虑的是传染病，其次是普通疾病，再次是饲料营养、环境条件等。

问询发病经过。一是，问询鸡的品种、发病时间、发病年龄初病时鸡的行为、症状、疾病发展的速度，以及饮水、食量、异常状况。二是，问询病前接种何种疫苗、接种时间、接种方法、疫苗的有效性等情况。三是，问询鸡场附近地区发生过何种传染病，发病区域和时间。据以上资料，可分析判断是传染病还是普通疾病。

另外，鸡无夜视能力，天黑后一般没有任何行动，都会静悄悄地卧息。散养、放养鸡正常情况下都会一个靠一个地群体休息，非常安静。凡病鸡夜间都会出现因身体不舒服站卧不安，由于个别病鸡动而碰撞其他鸡，出现边叫边动现象。特别是患呼吸道疾病的鸡咳嗽，用头甩痰的声音更为明显。鸡，尤其是雏鸡，如果因病发热，将会出现扎堆，众鸡压在他鸡身上，被压鸡表现痛苦，"叽、叽"地惊叫，甚至被压死。为准确诊病，兽医不但要进行问诊，甚至应亲临夜诊为佳。

问询诊疗经过。问询诊疗经过的目的是看前期是否对症治疗，然后决定怎样继续治疗。主要是询问投药后鸡群症候转变情况。另外，询问用药经过、用药方法及用药量，如拌药比例、均匀度和饮水时水与药的比例，并且要查看所用药的说明书，核实药物的有效期等。

二、饲料营养情况

鸡的品种不同，需要营养有别，即使是同一品种，生长发育阶段不同，营养需求也不同。只有按照不同品种、不同的生长发育阶段提供适宜的饲料，鸡才能正常生长发育和生产，鸡体、群体方能健康，才能发挥品种的生产潜能。尤其要注意饲料中蛋白质的含量。若鸡饲料中配有羽毛粉、血粉，则检验蛋白质含量时会发现饲料中蛋白质含量达到或超过营养标准，但实际上有些蛋白质不能被消化吸收，致使实际的有效蛋白质含量不足，造成生长鸡体重、发育不能达标，甚至群体均匀度差，影响成鸡产蛋量和抗病能力。

通过问询饲料营养情况，诊断营养缺乏症很难。如果是本场自制饲料可以查看饲料配方，根据原料配比计算营养成分，进行原料品种调配；而外购饲料则只能到饲料检验单位化验后更改。营养缺乏症较多，如钙、磷、维生素、微量元素缺乏症等，都会有代谢病症，但营养缺乏症一般发病缓慢，病期长，有时间和机会治疗。

病从口入，中毒病症多因饲料、空气质量差引起，养鸡人一定要把好饲料原料关和空气质量关。生产中发霉饲料造成鸡中毒的事件时有发生。另外，对于自制饲料的，一定要问询棉仁粕饼、菜籽粕饼、亚麻粕饼、食盐和微量元素的配比量，超过安全用量也可能会造成鸡慢性中毒。

三、鸡场场址、发病史与传染病的发生

鸡场场址与传染病的发生密切相关，此为场址风水，在此仅讲传染病与场址。如果该场处于西北方位，其上风向有发病鸡场，则春、秋本场极易感染他场所患传染病。本场如距公路较近，也易感传染病。本场周围树木多，飞禽（鸟）飞过排便也有可能带来病原微生物。另外，鸡场地势低于其他养鸡（禽）场，他场污染的水流经本场也易造成本场传染病的发生。

鸡场发病史与传染病的发生关系紧密。根据笔者多年经验，若新养鸡场能搞好隔离、消毒，一般不易暴发传染病。但若本场历史上曾发过某种传染病，以后养鸡必须进行疫苗接种，否则后患无穷。由于病菌、支原体、衣原体、病毒等病原非常微小，皮屑、尘土中都可隐藏、舍外土壤、舍内空隙均能存留、存活，因此，有时消毒也很难完全杜绝。建议若本场曾发生过传染病，除彻底消毒外，应坚持实施疫苗免疫或中草药预防。

四、鸡场引种与传染病的发生

鸡的传染病传染途径复杂，引种场如有某种传染病，则极易带入本场，因此，必须问清引种场，进行综合诊断。鸡的很多传染病均表现相同的呼吸道症状，很难区分，因此，要刨根问底，认真辨别，正确诊断。有的传染病不但可以水平传染，而且可垂直传染，即由母体通过种蛋传给子代，因此，应严防引种引入传染病。再如慢性呼吸道病有季节性，当时引种时并未发病，但当季节适宜，温度、湿度适宜

病菌、病毒繁殖季时便会发病。

蛋的观察与辅助诊断

第七章　鸡的已病防治

经诊断鸡已病，治疗及时，投药对路，方法得当，方可事半功倍。此章先介绍中草药使用方法，后按传染病、普通病分别介绍中草药方剂，读者可根据鸡场实际情况参考使用。

第一节　鸡服用中草药的方法

服药很讲究方法，方法得当，方剂才起功效作用。《医学源流论·服药法论》指出："病之愈不愈，不但方必中病，方虽中病而服之不得其法，则非特无功，而反有害，此不可不知也。"

一、用药方法

根据用药目的、患病的性质和部位、制剂的功效等不同，用药方法大体分为内服方法和非经口给药法两类。

（一）内服方法

内服即指饮服、拌料和灌服。

1. 饮服　即将煎好的药液（或称药汁）放入水槽或饮水器中让鸡饮服，适用于现代群养鸡。鸡味觉器官不发达，便于饮服，饮服前。应使鸡停水停食，根据气温确定时间。一般天气凉爽时可控制在4小时，气温过30℃则可2小时。

2. 拌料　拌料也称混料，药效发挥作用快。鸡味觉不发达，不拒服药。散剂是鸡常用药之首选。适用于现代群养鸡。

3. 灌服　鸡舌有回钩（倒刺），将丸、粒、片剂塞进口中，使鸡抬头，便可内服。此法只适应小群鸡，而不适宜大群。

注意事项：①服药次数。一般小群鸡饮服、拌料每天只一次即可。②用药与消毒不可同时进行。③喂料前后也有讲究。一般滋补药、驱消化道寄生虫药与泻下药宜空腹服用；健脾胃药、对胃肠黏膜刺激性较大的药宜温服，不宜空腹服用。④汤剂制备特殊要求。有些药物在煎制过程中是有特殊要求的，如石决明、牡蛎、龟板、鳖甲、代赭石、生石膏、羚羊角等。一般是先煎植物药，后放入矿物质药再煎。

（二）非经口给药法

1. 注射 多用连续注射器在鸡肌肉厚处（如大腿）注射。

2. 滴鼻点眼 多用于眼病、鼻炎或疫苗接种。

3. 熏蒸 此方法多用于消毒、净化空气。

4. 喷雾 此方法适用于呼吸道病。如内服药与喷雾配合，则药效发挥作用快而好。

5. 洗浴 选此方法多用于驱除外寄生虫，如虱等。

6. 敷 多用于外伤或疮、痘。

随着养鸡业的蓬勃发展，现已由家庭散养几只、十几只，变为大群集约化、机械化养殖，服药方法则以饮服、拌料、喷雾、滴鼻点眼、注射、熏蒸为主。

二、鸡用中草药重量计算方法

笔者综观鸡用中草药方剂几百个，其使用情况复杂多变。因为鸡品种不同，生物学特性差异很大，所以每个方剂适用群体大小不等，有的适用 50 只，有的适用几千只。另外，有的是按体重、料药比、病鸡年龄投药，有的用煎后药汁投服，有的需经碎粉或研末拌料投服。因此，经常面临虽有方剂而不知每味药量的尴尬，笔者根据自身经验，并参考他人计算方法，试提出如下方法计算药量。

（一）大、中鸡群按饲料量百分比计算药量

现代养鸡大群多在万只以上，中群体多在千只以上，因此，应慎

重计算药量，笔者建议按每日群鸡采食总量计算应投入每日总药量，再按每味药所占百分比计算每味药量。例如，荆防败毒散，处方是荆芥 45 克，防风 30 克，羌活 25 克，独活 25 克，柴胡 30 克，前胡 25 克，枳壳 30 克，茯苓 45 克，桔梗 30 克，川芎 25 克，甘草 15 克，薄荷 15 克。由于无法得知此方总药量是多少，是什么鸡，疗程多长时间，因此，我们只有根据本场饲养的品种和群体规模计算总药量和每味药量。鸡无论什么品种，什么年龄，采食量是有规律的，按群首先计算出日采食量，就能因地因时因鸡计算药量。比如我们饲养的是某种中型体重成年鸡，日采食 125 克，3 525 只日采食是 125 克×3 525 只＝440 625 克。一般饲料量的 3％可作为投药治疗量，用 410 625×3％＝13 218.75 克（总药量）。已求出每日总药量，再求每味药量。方法是将方剂中 12 味累加，即 45＋30＋25＋25＋30＋25＋30＋45＋30＋25＋15＋15＝340 克。将方剂总药量计为百分之百，然后用每味药重量除以方剂总药量，得出每味药占方剂总药量的百分比，即荆芥 13.2％、防风 8.8％、羌活 7.4％、独活 7.4％、柴胡 8.8％、前胡 7.4％、枳壳 8.8％、茯苓 13.2％、桔梗 8.8％、川芎 7.4％、甘草 4.4％、薄荷 4.4％。然后，用每味药所占百分比乘以总药量，得出每味药重量（克）。例如，计算荆芥药量：每日饲料添加总药量13 218.75×13.2％＝1 745 克，以此类推，将其他 11 味药计算重量。如果 5 天为一个疗程，再将每味药重量乘 5，即得每味药总量。

（二）小鸡群实数计药量

对于小鸡群，中兽医多按 50 只、100 只的群体组方。对于这类适用于小群的方剂，除按上述百分比法计算每味药量外，还可以采用实数计算的方法。

如胡元亮《中兽医学》治疗鸡新城疫方剂：金银花、连翘、板蓝根、公英、青黛、甘草各 120 克（100 只鸡一日一次用量）。如果是 200 或 300 只鸡，则按倍增加每味药的药量即可。如果鸡群中鸡的数量并非 100 只的整数倍，如 745 只鸡，则需计算出每只鸡一次每味药量（即 120÷100＝1.2 克），然后按鸡实际数量乘以每只鸡一次每味药量，再乘以疗程天数，即可以算出每味药的一次总药量。计算如下：745×1.2＝894克。如果3天为一个疗程，则每味药的一次总药量为894×3＝2 682克，表示方剂中金银花等六味药中每味2 682克，而6味之和则为2 682×6＝16 092克。据上文计算，本方每只鸡每日药量为7.2克（1.2×6＝7.2），一般一只成年鸡每日以3～4克药量拌料为宜，而7.2克超量，因此，应煎液饮服［笔者查阅资料，成年鸡每日最多为4克，凡超过此量的均为煎液饮服，而不是拌料服药］。

（三）鸡个体用药量的确定

应用中草药防治鸡病，需要确定每群每只甚至每味中草药的药量，才能达到预防、治疗疾病的目的，并且不产生不良反应。

鸡品种繁多，个体大小差异很大，因此，它们用药按每只多少克，缺乏科学性。一般，按群体平均个体重量计算中草药方剂总量。

（四）有药无量方剂使用探讨

我国古代农书中很多治鸡病方剂都是有药而无量，如《农政全书·牧养》中"凡鸡染病，以真麻油灌之，皆立愈"。再如《豳风广义》中"鸡若有瘟疫病，用吴茱萸为末，以少许拌于饭上喂之"。诸如此类方剂很多。对这种方剂，可先做小群试验，成功后用之。以笔者查阅几十本治疗禽病的书籍可见，鸡用中草药以每千克体重2克为宜。另外，添加于饲料中的药物，按日粮采食量的3%添加比较合理。例如，《三农纪校释》中有一方"若遇疫，急用白矾、雄黄、甘草为末，拌饭饲之"。对此方，首先要依据病机、病症，根据药性确定君、臣、佐、使药，然后根据被治疗鸡群饲料量的3%计算出用药总量，再确定每味药剂量。如某群成年鸡每日每只耗料120克，全群500只，则用药总量为120×5 00×3%＝1 800克。若方剂中三味药各占1/3，则每味药剂量为1 800×1/3＝600克。

另有一种计算每味药剂量的情况，如《鸡病中药防治》中"石膏粉5份，麻黄、杏仁、甘草、葶苈子各1份，鱼腥草4份，为末混饲"。对此种方剂，首先计算出群体用药总量，然后计算出方剂共多少份，之后用药总量除以总份数，求出一份相当于多少剂量即可计算单味药剂量。仍以前例用药总量 1 800 克计算，则一份是 1 800（克）÷13（份）≈138 克，然后按份数相乘，即是每味药剂量。如石膏粉 5份，剂量为 138×5＝690 克。

第二节　鸡疫毒性瘟疫病防治

鸡疫毒性瘟疫病，即现代病毒、病菌所致传染病。为生产对人体安全的鸡肉、蛋产品，本书本节只介绍中草药方剂预防治疗疾病。

一、禽流感

（一）流行特点
本病呈世界性分布，在家禽中以鸡、火鸡的感染更严重、传播更广泛。

（二）病因病机
本病不但与其他传染病一样可以接触感染，而且还因过场飞鸟排出带毒粪便及脱落的羽毛传播。本病多发于早春季节、晚秋，冬季，应做好消毒和中草药免疫。

（三）症状
禽流感病毒侵入鸡体，潜伏期一般为 3～5 天。病由卫分进入气分，甚至也由卫分直入营分，便会出现体热（发热），症状为食欲不振，鸡食料量减少，精神不振，翅膀与尾下耷，羽毛蓬乱，青年鸡扎堆；肉冠、肉髯发紫，冠齿发黑；放养公鸡不追逐母鸡交尾，母鸡停止产蛋或产蛋明显减少。严重时可见举头、伸颈、呼吸困难症状。病鸡偶见眼、鼻有分泌物。病初排黄稀粪便，因病严重便排与白痢一样白色粪便。本病因鸡种不同而死亡率不等（50％～100％）。

（四）防治措施
目前，已有禽流感疫苗用于本病的预防。

防病方剂主要有：

【方剂源流】《畜禽疾病处方指南》

【中草药方剂之十三】克感散（笔者命名）

柴胡、陈皮、双花各 10 克，为 10 只成鸡 1 日量。煎水灌服。笔者认为以连服 5 天为一疗程为好。

【功能】疏肝解毒。

【预防时机】每年早春或晚秋使用。

【中草药方剂之十四】防感偏方

【组方】香油 17％，干姜 67％，蜂蜜 16％。

【制作方法】将香油注入热锅，油滚微烟出锅；然后放入蜂蜜，蜜起泡沫，尔后将干姜倒入，用自制木铲如炒菜一样把干姜翻动。此时小火，锅内干姜焙酱黄色时，出锅阴干。最后把姜粉碎拌料饲喂。每只鸡每天喂 3 克，连续饲喂 5～7 天为一疗程。

【功能】清热解毒，祛风寒，克感。

【预防时机】华北地区每年 3 月 15 日开始。根据笔者于 2004—2006 年三个春季对饲养的中华宫廷黄鸡预防效果佳，距本场 500 米其他鸡场患禽流感，而本场安然无症。

【中草药方剂之十五】止感散

【组方】大黄 10.5％，黄连 10.5％，板蓝根 12.5％，地榆 10.5％，栀子 10.5％，松枝粉 5.8％，生石膏 5.3％，知母 8％，藿香 5.3％，黄芪 10.5％，秦艽 5.3％，芒硝 5.3％。

【功能】清热解毒，降火理肺通气，止咳平喘利咽。

【用法用量】先将各味药粉碎，用时混拌均匀，预防量 0.3％，治疗量 0.6％，5 天为一疗程。

【中草药方剂之十六】感停散（编者命名）

【方剂源流】《中兽医验方妙用》

【组方】板蓝根 18.5％，忍冬藤 18.5％，七叶一枝花 11.1％，山豆根 11.1％，鱼腥草 18.5％，青蒿 11.1％，苍术 11.1％。

【功能主治】清热解毒，消肿利咽，祛风散寒。

【用法用量】先将各味药粉碎，用时混料拌匀，预防量 0.3％，治疗量 0.6％，5 天为一疗程。

【中草药方剂十七】解毒清感散

【组方】板蓝根 21.2%，大青叶 21.2%，野菊花 12.7%，七叶一枝花 12.7%，贯众 12.7%，陈皮 13.1%，甘草 6.4%。

【功能】清热泻火，散热止感。

【用法用量】先将各味药粉碎，用时混料拌匀，预防量 0.3%，治疗量 0.6%，5 天为一疗程。

另外，本书中草药方剂之四"秋避感散"和中草药方剂之十"咳喘宁"也有一定功效（均按 0.5% 比例添加至饲料中，连用 5～7 天为一个疗程）。

二、新城疫

新城疫是由副黏病毒科的新城疫病毒引起的传染病。

（一）流行特点

不同品种鸡与同种而不同年龄鸡对本病感受性均有差异，外来鸡种比本地鸡种易感染，年龄小的比年龄大的易感染。新城疫在我国广泛分布。本病春、秋最为易感。笔者曾两次经历鸡群患新城疫，教训惨痛，究其原因主要是接触性感染、免疫失误所致。

（二）病因病机

病毒经口、鼻或外伤等途径进入机体内部脏腑及组织引起急剧病变。痰热之邪经气分后入营血，可未经发现临床严重症状而出现死亡。在热邪由表入里时可见体温升高，精神萎靡不振。热邪侵肺，肺失宣降，则出现呼吸困难。热邪一旦犯胃肠则见绿色稀便、白色稀便，张口有酸臭味。邪入心包，则见头颈歪斜、仰视等神经症状。

病毒存在于病鸡组织、器官以及体液和排泄物中，给消毒防疫带来很多困难。

病毒有强弱之分，鸡体抗疫毒能力也有强弱之分，因此，病毒侵入鸡体发病时间不等。一般自然（或称野毒）感染常在 3～15 天发病。

（三）主症

根据鸡新城疫病机的差异，分最急性型、急性型、亚急性型或慢性型三类。

最急性型：多发生在雏鸡和育成鸡生长发育阶段。此阶段鸡器官发育不健全，抗病能力低。常见鸡突然食欲减退，高热扎堆，症状不明显时突然成批死亡。最急性型是病邪不经卫分，经口、鼻直攻破卫分入气分营分，热结肠道，热入心包，最后血热妄行。因此，症状不突出时便危及生命。这种鸡濒临亡之际往往正在食饮而突然乱蹦乱跳、挣扎几次便倒地而亡。

急性型：疫毒入侵鸡群，由于热入阳明，故内热外冷扎堆，热迫津液外泄，口渴喜饮。因温热侵入肝与肺，常有鸡呆立、闭目、颈痛，头低尾耷，呼吸张口不断。因热结肠道，尤其是腺胃、肌胃，病鸡会出现"咯、咯"声，口、鼻流出酸臭液，并且排出黄色或绿色稀便。病情在气分阶段，如不能得到诊治，则会进入营分致使热伤营血，故出现昏迷，体温下降，母鸡停产或产软壳蛋，甚至可见边产蛋边死亡。

亚急性型或慢性型：根据笔者经验，亚急性型及慢性型新城疫多因鸡群免疫新城疫疫苗失败，鸡抗病力弱，这时由于野毒（外侵毒）毒力强，致使鸡的抗力对抗无能所致。

疫毒入侵到气分无法被发现，鸡群食欲未见异常，只有个别鸡因温热在肺，夜间呼吸急促，卧立不安，常被认为是普通疾病。一旦疫毒侵入肺及胃肠道的营分，则会出现如同急性型症状。若用抗生素、抗病毒中药及时治疗，死亡率下降；若延误治疗，个别重症鸡则出现翅肢麻痹，甚至瘫痪，不能饮食，饥饿而亡。

（四）防病方剂

【中草药方剂之十八】防新城疫偏方

【方剂源流】胡元亮《中兽医学》

【组方与用法】预防：将大蒜叶、葱叶或韭菜叶切细，让雏鸡自由采食。每周喂 2～3 次。

【中草药方剂之十九】 克感灵（编者命名）

【方剂源流】 胡元亮《中兽医学》

【组方】 黄芩 10 克，金银花 30 克，连翘 40 克，地榆炭 20 克，蒲公英 10 克，紫花地丁 20 克，射干 10 克，紫菀 10 克，甘草 30 克。

【功能主治】 清热解毒，理肺疏散风热。主治感冒，咽肿。

【用法用量】 A：将各味药粉碎，用时混拌均匀，按日粮的 0.5％潮拌料。B：将拌匀的药粉泡沸水中半小时后将药液让鸡饮水，药渣拌料饲喂。疗程 1 周。

【中草药方剂之二十】 克瘟散

【组方】 板蓝根 50 克，贯众 50 克，藿香 50 克，滑石（单包装）25 克，甘草 15 克。

【功能】 清热解毒，芳香化湿，止咳喘。

【用法用量】 A：将各味药粉碎，用时混拌均匀，按日粮的 0.5％潮拌料。B：将拌匀的药粉泡沸水中半小时后将药液让鸡饮水，药渣拌料饲喂。疗程 1 周。

【中草药方剂之二十一】 清瘟败毒散

【方剂源流】 《中国兽药典》2020 年版

【组方】 石膏 120 克，地黄 30 克，水牛角 60 克，黄连 20 克，栀子 30 克，牡丹皮 20 克，黄芩 25 克，赤芍 25 克，玄参 25 克，知母 30 克，连翘 30 克，桔梗 25 克，甘草 25 克，淡竹叶 25 克。

【功能主治】 泻火解毒，凉血。主治热毒发斑，高热神昏。

【用法用量】 各味药分别粉碎，用时混拌均匀，拌料饲喂。每只成年鸡每天 3 克（或按日粮 0.5％添加）。

【中草药方剂之二十二】 治瘟散

【组方】 双花 120 克，连翘 120 克，板蓝根 120 克，蒲公英 120 克，青黛 120 克，甘草 120 克。

【功能主治】 清热解毒，消肿散结。

【用法用量】 各味药分别粉碎，用时混拌均匀，拌料饲喂。每只成年鸡每天 3 克（或按日粮 0.5％添加）。

三、鸡马立克病

马立克病，在世界所有养鸡的国家都有发生，我国20世纪70年代初才开始发现。对于马立克病，我国已研究出行之有效的疫苗，现在养鸡业中广泛应用。因为马立克病在我国流传较晚，所以中兽医在这方面文献很少。

（一）流行特点

鸡是自然宿主，其他禽类很少发生。病鸡和带毒鸡是最主要的传染源，尤其是鸡羽毛囊上皮内存在大量完整的病毒，随皮屑污染环境，成为主要传染源，鸡发病最早在8周龄。

（二）病因病机

鸡马立克病病原体为一种细胞结合性疱疹病毒。病毒通过常规的吸附和穿入过程进入细胞。细胞通过与其他被感染细胞接触而感染。病毒主要是经呼吸直入肺侵入气分。这种在羽囊上皮细胞中繁殖的疫毒具有很强的传播性，它随羽毛和皮屑脱落到鸡舍周围环境中，并且对外界环境抵抗力很强，一般能存活4～8个月。对很多消毒药不敏感，为消毒带来很多困难。火焰喷射消毒杀灭效果最好。

马立克病潜伏期长，最早见4周龄鸡群发病，9周龄发病率高，常有15周龄以上鸡仍见发病。因目前没有特效药用于治疗，发病率、死亡率均很高。

（三）主症

鸡马立克病通常有3种类型。

1. 神经型 疫毒通过气分直入肺经，肺肃降受阻后五谷精微失养肾，并且降浊受阻，浊物不能及时排出体外，造成肾不养髓，便出现四肢或某侧肢体髓线麻痹而翅展不回，肢伸不回。病鸡一旦出现此症状，则遇渴不能饮，饥而不能食，机体逐渐消瘦，群中壮鸡必踩其背、啄其头，病鸡因此而丧命，即使是隔离饲养，3～5天后也会饥饿而死。神经型多见于18周龄鸡，甚至是成年鸡。

2. 内脏型（急性型） 疫毒直入气分，温热入五脏和阳明，若正邪相搏，则鸡出现食欲减少，精神委顿，不过 3 天便恢复正常，若邪盛正衰，五脏、胃肠受侵则会出现血分症状，致里热炽盛，热扰心神，热邪伤津，故神昏，鸡先瘫痪，之后饥饿衰竭而亡。笔者 2004 年亲眼所见未免疫马立克疫苗的 240 只鸡于 18 周龄全部死亡。

3. 眼型 病毒由气分入肺经（肺主羽毛、皮肤），必出现羽蓬乱。毒扰心神，鸡行动呆板。对笼养鸡，可观察到当喂料时，采食不积极，放养鸡则呆立群外围，当其他鸡走开料桶时才敢前往。当邪盛正衰，病毒进入血分、内脏，尤其是侵入肝脏时，肝火上炎，肝主目，便出现双目流泪，瞳孔缩小，眼球下陷，严重者单目紧闭或双目失明。目无视，水食不饮，饥饿后衰竭而亡。

（四）防病方剂

对于防治马立克病，目前除了在雏出壳 2 小时内皮下注射疫苗外，未见报道有治疗特效药和治疗方法。下面引荐几个方剂供试用。

【中草药方剂之二十三】五黄解毒散

【方剂源流】 张国增研制。1997 年曾对一批 700 只大雏进行治疗，有 84％的鸡治愈。

【组方】 黄连 15％，黄柏 20％，黄芩 20％，大黄 10％，雄黄 5％，柴胡 15％，甘草 15％。

【功能】 清热解毒，理气舒肺，补肾气。

【用法用量】 按 0.6％比例混料拌匀，5 天为一个疗程。

另外，本书中草药方剂之九，之十九，也可试用。

四、鸡传染性法氏囊病

鸡传染性法氏囊病是由传染性法氏囊病毒引起的一种严重危害雏鸡的免疫抑制性、高度接触传染病。1957 年秋，在美国特拉华州甘布罗地区的肉鸡群首先发生本病。1962 年利用传染性法氏囊病病料接种鸡胚，分离到病原，称"传染性法氏囊因子"，1970 年后称为传染性法氏囊病毒。该病 1965 年传入欧洲。1979 年我国首先在广州发现该病，目前该病呈世界性流行。

（一）流行特点

鸡是传染性法氏囊病毒的宿主，火鸡也能隐性感染。该病主要发生于2～15周龄鸡群，3～6周龄鸡易感，4～6周患病鸡群最为严重。成年鸡的法氏囊自动消失，无此病发生。

病鸡是主要传染源。传播方式主要是病鸡粪便中含有大量病毒，污染鸡场用具、饲料、饮水、车辆、人员，甚至饲养员的鞋子、衣物等，直接或间接传播本病。昆虫、鼠类也为本病的传播媒介。更易被人忽视的是成年鸡表现隐性感染，其粪便中含有大量病毒，造成疫病难以根除。病毒不仅可通过呼吸道传播，而且也可通过种蛋传播。病毒沾在羽毛上可存活3～4个月，环境中可存活120天。各品种鸡，一年四季都有发病，并以5—8月为发病高峰期。

（二）病因病机

鸡的法氏囊在泄殖腔背部，是一个正常免疫性器官，因它的发病失司可导致鸡对新城疫、马立克病、传染性支气管炎、传染性鼻炎、球虫病的免疫抑制。除此之外，还会导致大肠杆菌病、慢性呼吸道病、包涵体肝炎等的发病率上升。

传染性法氏囊病毒属于呼肠孤病毒科。现代兽医学研究表明，病毒主要通过气分直入营血，致使法氏囊肿胀失司，不能产生正常的抵抗疠气的正气，也就是免疫球蛋白，造成机体对其他疫苗免疫障碍，而诱发其他传染病发生。

病原经由口、鼻直接进入气分，入胃、肠和肺脏，并入脾脏、肾脏；正邪相搏，邪盛正衰，然后进入血分，由血脉进入法氏囊，在法氏囊再次剧烈正邪相争，正失利而法氏囊肿胀，后而失司，致机体正气不固，患病。

（三）主症

病初由于法氏囊肿胀，肛门内有痒感，便出现雏鸡啄肛门外羽毛而不避。随后由于病毒侵脾，脾运化失司，胃腐熟失利，肾主水，病毒侵后失职，泄殖腔水液不得回收，鸡出现腹泻，排绿白色稀便。由于病毒侵入血分出现血瘀，腿和胸出现血斑，并呈红紫色。热入肝血，肝热炽盛动风，鸡出现震颤，严重时尾夹、翅夹、抽搐，羽毛逆立无光，头垂、眼闭、昏迷，不饮不食。疫毒侵入气分会导致体热，鸡群扎堆；病重时气血两损，触摸体表时感发凉，此时血与津液失损严重，呈现趾爪干燥，眼球内陷，极度衰竭而死亡。

（四）中草药方剂

【中草药方剂之二十四】扶正解毒散

【方剂源流】《中国兽药典》2020 版

【组方】板蓝根 60 克，黄芪 60 克，淫羊藿 30 克。

【功能】扶正祛邪，清热解毒。

【用法用量】按 0.6％比例于饲料中拌匀，5 天为一个疗程。

【中草药方剂之二十五】熏烟剂

【方剂源流】《中兽医学》（胡元亮）

【组方与用法用量】艾叶、蒲公英、苍术、荆芥、防风各等份。按鸡舍每立方米给药 150 克，将各药混匀后做成药团，大面积点燃，持续熏 1 小时左右，然后打开通风孔或门窗通风。每天 1 剂，连熏 2～3 天。

【预防时机】2 周龄内雏鸡。

【中草药方剂之二十六】避法氏囊散

【方剂源流】《中兽医学》（胡元亮）

【组方与用法用量】板蓝根、大青叶、连翘、金银花、黄芪、当归各 15～40 克，川芎、柴胡、黄芩各 15～30 克，紫草、龙胆草各 15～40 克，为 100 只鸡用量，煎汤让鸡自由饮服，一日 2 次。

【中草药方剂之二十七】囊复灵

【方剂源流】《中兽医学》（胡元亮）

【组方与用法用量】生地、白头翁各 4 克，金银花、蒲公英、丹参、白茅根各 3 克，为 10 只鸡一次量，每日 1 剂，水煎灌服，或加糖适量让鸡自由饮服。预防量减半，碾末或煎汤拌料饲喂。

【功能】清热解毒，散结消肿。

【中草药方剂之二十八】十味败毒散

【方剂源流】《中兽医学》（胡元亮）

【组方与用法用量】板蓝根、连翘、黄芩、生地各 10 克，泽泻、海金沙各 8 克，黄芪 15 克，诃子 5 克，甘草 5 克。粉碎，混匀，每只鸡 3 克拌料饲喂，连用 3～5 天。

【中草药方剂之二十九】消肿散（编者命名）

【方剂源流】《经济动物疾病诊疗与处方手册》

【组方】石膏 200 克，生地 50 克，黄连 30 克，黄芩 50 克，栀子 50 克，玄参 50 克，知母 50 克，连翘 50 克，金银花 50 克，茜草 40 克，桔梗 50 克，淡竹叶 50 克，甘草 20 克。

【功能】清热泻火，解毒散结，消肿。

【用法用量】各味药分别粉碎，用时混拌均匀，按日粮 0.6％ 比例添加饲喂。

另外，也可参考中草药方剂之八"四黄败毒散"。笔者于 1997 年、2001 年分别用此方治疗两批初发传染性法氏囊病的青年鸡，均治愈，效果较好。

五、鸡传染性支气管炎

鸡传染性支气管炎是由一种冠状病毒引起的高度接触性传染病。1930 年在美国发现，目前已在世界很多国家流行。我国于 1978 年在杭州首次发现该病，现在全国各地都有报道。各种年龄鸡均易感，雏鸡以喘气为明显症状，产蛋鸡产蛋量下降，而且蛋品质下降。

（一）流行特点

来航鸡最易感。任何日龄鸡均可在抵抗力不足的情况下感染，主要发生在 7～35 日龄，且症状较为明显，死亡率可达 15％～19％。鸡传染性支气管炎未见其他禽类感染。

该病传染方式与马立克病相同，主要是气源性传播，传染性强，一只鸡发病，很快波及全群。虽曾在病鸡所产蛋中分离出病毒，但在孵出的雏鸡体内分离不到病毒。

（二）病因病机

由于未按免疫程序接种疫苗或免疫失败，以及场内没有严格执行防疫消毒制度，造成病毒进入本场。病毒经过空气、饲料、饮水或用具接触鸡体，经气分侵入呼吸道上皮细胞繁殖，导致气管失司后麻痹，造成呼吸困难，出现呼吸型症状。病邪侵入营分脏腑，尤其是肾脏和肠道，出现肾型症状。

（三）主症

本病有混合型和肾型两种类型。

1. 混合型 疫毒通过鼻、咽直入气分，在支气管迅速繁殖，病鸡突然出现呼吸困难，并且在 2 天内全群迅速发病。这时鸡会因肺失宣发、呼吸道阻塞而出现伸长颈、张口呼吸、打喷嚏、摇头、咳嗽、呼吸时伴有"咕噜、咕噜"的啰音，并且肾阴虚，夜深明显。这时还会因肺失肃降，津液不能下注而上逆，出现鼻液、唾液外流。病鸡衰弱，羽毛蓬乱，呈犬卧姿势或双翅同时下垂，神志不清。产蛋鸡出现软壳蛋，甚至停产。

2. 肾型 病邪侵入营分，以肾、胃肠受侵为甚。肾及消化器官生理功能障碍，鸡出现全身衰竭。肾升清受阻，降浊无度，排出灰白色稀便，失水，肾生髓养髓无能，造成精神萎靡。脏疏泄不利，出现冠由紫变黑，羽毛乱松，饮水不止。肾型主要出现在 20～30 日龄鸡，并且死亡率很高。

（四）防治方剂

【中草药方剂之三十】 强力咳喘宁

【组方】 板蓝根 20%、荆芥 10%、防风 10%、山豆根 10%、苏叶 10%、甘草 7%、地榆炭 8%、炙杏仁 8%、紫菀 8%、川贝 5%、苍术 4%，按比例配制。

【功能主治】 清热理肺，解湿化痰。主治咳喘。

【用法用量】 按每只育成鸡 1～2 克，每只成年鸡 6 克，将药拌于饲料中饲喂，每天 1 次。对病情严重者，用开水沏药，候凉，取汁饮。

【中草药方剂之三十一】银翘参芪饮

【组方与用法用量】金银花、连翘、板蓝根、大青叶、黄芩各500克，贝母、桔梗、党参、黄芪各400克，甘草100克，加水15千克，煎煮20分钟，取汁，按1∶5饮水，连用3天。

【中草药方剂三十二】定喘汤

【组方】麻黄、大青叶各300克，石膏250克，制半夏、连翘、黄连、金银花各200克，蒲公英、黄芩、杏仁、麦冬、桑白皮各150克，菊花、桔梗各100克，甘草50克。煎汤去渣，拌于1天的日粮中喂5 000鸡。

【中草药方剂三十三】治呼吸器官病方

【组方】柴胡、荆芥、半夏、茯苓、甘草、贝母、桔梗、杏仁、玄参、赤芍、厚朴、陈皮各30克，细辛6克。粉碎混匀。按每千克体重每天1克，加沸水焖30分钟，上清液加适量水饮服，药渣拌料喂服。

【中草药方剂之三十四】清肺止咳散

【方剂源流】《中国兽药典》2020年版

【组方】桑白皮30克，知母25克，苦杏仁25克，前胡30克，金银花60克，连翘30克，桔梗25克，甘草20克，橘红30克，黄芩45克。

【功能主治】清泻肺热，化痰止痛。主治：肺热咳喘，咽喉肿痛。

六、鸡传染性喉气管炎

鸡传染性喉气管炎又称热喉痹病，是由传染性喉气管炎病毒引起的一种急性、接触性上呼吸道传染病。本病于1925年首先在美国报道，现在遍及世界很多国家的养鸡场区。目前我国较多地区发生和流行，危害着养鸡业的发展。

（一）流行特点

传染性喉气管炎病毒属于疱疹病毒，有囊膜。病毒主要是经鼻、咽、气管和眼睛进入肺脏致病。其次，病毒经过消化道传播。另外，病毒还可入侵肾脏。传染性喉气管炎病毒随气管分泌物经鼻、咽外排，污染饮水、饲料、器具、垫草及接触的人，造成机械传播。种蛋带毒时，鸡胚在出壳前死亡，但不传染。

病毒通常在病鸡气管中存在，感染后6～8天排毒，病鸡愈后2年都有排毒现象。本病一年四季均可发生，但以北方秋季节多发。本病危害严重，应快速扑灭。

（二）病因病机

通过笔者多年养鸡经验，鸡群感染传染性喉气管炎或发病，多是因为鸡群未免疫，或者免疫失败；鸡舍通风不良，加之饲养密度过大、饮食不良等，易造成鸡群发病。另外，鸡群曾患传染性支气管炎、新城疫、慢性呼吸道病、鼻炎、咳喘等有关病症，鸡群虽已病愈，但正气衰而易患此病。

病邪往往不经卫分直入气分，入侵肺经，导致肺气不宣，肃降无力而上逆，造成液为痰，痰阻气道，肺气受阻，则出现咳喘。肺经受侵必导致郁而化热，热结咽喉，则咽喉肿胀糜烂，如不能得到适当治疗，最后常因气道阻塞、吐纳无路而窒息死亡。

胚胎感染死亡。种蛋感染传染性喉气管炎病毒，在孵化过程中，胚胎生长发育时病毒侵入肺、肾，造成肺吐纳障碍，最后使生命得不到清气而窒息。

（三）主症

该病多见于成年鸡，但也有6～12日龄自然感染发病现象。根据临床表现，可分为两种类型。

1. 喉气管型 主要发生在成年鸡群，因病毒邪气入气分，直接侵肺，致使不得宣发，出现流泪、鼻塞，造成口代鼻呼吸，张口，仰头喘气，并闻如吹笛声。病情得不到控制，则肺气速降受阻，肺郁化热，逐上逆为肿（炎症），则咽肿糜烂后便出现咳喘频繁，咳出痰液或鼻涕带有血丝，并偶有小血块。这时鸡出现面部肿胀，冠发绀，羽毛蓬乱，尾奋，翅紧贴体。由于咽喉被大量的干酪物、脓汁与瘀血块阻塞，无法通气，便窒息而亡。此病侵犯鸡群4天便见产蛋率下降，即便治疗有效，痊愈后 20～30 天产蛋率才恢复正常。

2. 眼结膜型 眼结膜型主要发生在育雏后期 30～40 日龄鸡群。由于病毒侵肺，肺气宣发受阻，出现流眼泪，眼角有眼屎，因眼结膜肿胀发痒，有的鸡用爪挠痒，严重时结膜肿胀发红，结膜内出现干酪样物，上、下眼睑被分泌物粘连，拨开眼睑后可见角膜混浊，出现糜烂。鸡呈现闭目，鼻腔有浆黏物，呼吸困难，如同成年鸡一样的症状，并伴有啰音。咽喉出现像成鸡一样症状，治疗不及时则会死亡，病死率比成年鸡低，一般在 20% 以下，但有的鸡病愈后终生眼闭而盲。

(四) 防治方剂

【中草药方剂之三十五】镇喘散

【方剂源流】《中国兽药典》2020 年版

【组方】香附 300 克，黄连 200 克，干姜 300 克，桔梗 150 克，山豆根 100 克，皂角 40 克，甘草 100 克，人工牛黄 40 克，蟾酥 30 克，雄黄 30 克，明矾 50 克。

【功能】清热解毒，止咳平喘。

【用法用量】各味药粉碎，混合均匀，按 0.5% 拌入日粮饲喂。也可按每只鸡 0.5～1.5 克饲喂。5 天为一疗程。

【中草药方剂之三十六】喉炎净散

【方剂源流】《中国兽药典》2020 年版

【组方】板蓝根 840 克，蟾酥 80 克，人工牛黄 60 克，胆膏 120 克，甘草 40 克，青黛 24 克，玄明粉 40 克，冰片 28 克，雄黄 90 克。

【功能】清热解毒，通利咽喉。

【用法用量】同中草药方剂之三十五。

【中草药方剂之三十七】喉炎止（笔者命名）

【方剂源流】《中兽药基础与临床》

【组方与用法用量】知母 25 克，石膏 25 克，双花 35 克，连翘 30 克，豆根、射干、桔梗、栀子、苏子、款冬花各 25 克，生地、陈皮各 30 克，半夏、麻黄各 13 克，板蓝根 40 克。为 100 只成年鸡一天量，共为末，水煎 1 小时，连渣带汁拌料，每天分早、晚两次喂服，连用 3 天。

【中草药方剂之三十八】利喉散（编者命名）

【方剂源流】《中国兽药典》2020 年版

【组方与用法用量】紫草 900 克，龙胆草（或龙胆末）500 克，白矾 100 克，供 900 只鸡服用。先将紫草浸泡 20 分钟后再文火煎煮 1 小时，滤汁再加龙胆草、白矾文火煮 20 分钟，取汁饮服。每天 1 剂，连用 4 天。

【中草药方剂之三十九】喉症散

【方剂源流】笔者自己研制

【功能】宣肺利咽，清痰止咳。

【组方】黄芩 15％，板蓝根 15％，甘草 15％，麻黄 15％，生石膏 15％，荆芥 13％，薄荷 12％。

【用法用量】预防，每日每只鸡按饲料量的 0.3％添加；治疗，每日每只鸡按饲料量的 0.6％添加。

【编者按】2004 年底，笔者在北京市门头沟区清水镇饲养中华宫廷黄鸡 274 只，由于免疫失败，发病初期使用此方，投药次日症状减轻，3 天后症状消失，治愈率 100％。

七、鸡痘

鸡痘是由鸡痘病毒感染鸡的一种急性、接触性传染病。禽痘分三种类型，皮肤型、白喉型（黏膜型）和混合型。我国南北方均有禽痘的发生，并且对集约化养殖的鸡场有严重危害。

（一）流行特点

各种年龄和品种的鸡都易感，但以雏鸡和育成鸡最常发病，且死亡率高。鸡一年四季都可发生，但以干燥的秋、冬季节最易流行。一般秋、冬季节发生皮肤型较多，而冬季发生白喉型较多。混合型常年偶见。

该病不经口感染，而是经皮肤、黏膜、伤口感染。该病主要是经由蚊、鸡皮刺螨、蜱、虱等吸血昆虫叮咬、吸吮患病或隐性带毒鸡血液之后再次叮咬健康鸡进行传播。鸡痘疫毒由于耐干燥，在外界的存活时间可长达几个月，造成病毒的传播时间长。鸡啄羽、啄肛，产大型蛋撑破肛门，雄禽争斗，以及交尾等所有造成外伤之机，均易导致病毒疠气趁机入侵鸡体，引起发病。病鸡粪便、咳嗽飞沫中均含有病毒，可引起本病传播。

（二）病因病机

带毒吸血昆虫叮咬、刺伤鸡皮肤入腠理，然后侵入血脉，经血液入肺。肺主皮毛，则皮肤发生痘疹。皮肤发生痘疹后，若鸡舍料水不足，尤其是饮水不足，又加之北方冬季通风不良，易造成肺与阳明蕴热过度，热伤口咽，致使结聚咽喉，郁而化火，形成白喉型痘疹。由于久病灼伤阴液，阴液受损严重而咽喉变生腐膜，又加之肌表痘发，则发生两型并发，即发生混合型痘疹。

皮肤型适宜解毒透疹，白喉型适宜清热滋阴、凉血解毒，混合型适宜清热解毒、消肿利咽。

（三）主症

1. 皮肤型　中兽医也称风热痘疹病。因疫毒侵入肺，肺系皮肤，皮肤初发痘疹。发病初见鸡精神委顿，机体发热，衰竭，饮食欲下降。因疫毒侵肺并肝致肝火上炎。观察可见肉冠、肉垂、眼睑、翅奄，甚至腿部和肛门外等无毛、短毛处见痘疹结节隆起。结节表面手感干而硬，呈灰色或紫黑色，如绿豆大小，之后结节结痂，痂干脱落，形成白点。成年鸡多见。

2. 白喉型　中兽医也称阴虚白痘疹。因疫毒侵肺，致肺失司，热伤阴液，上灼口咽，产生灰白色或白色伪膜；如揭掉伪膜则可见潮红的溃烂面。病鸡因咽阻塞，甩头咳嗽，叫声嘶哑，躁动不安，采食断断续续，出现咽干多饮水，严重者可见张口呼吸。急剧者因通气受阻，一两天内因窒息死亡。该型以雏鸡和育成雏多见。

3. 混合型　中兽医也称热毒痘疹。混合型多因皮肤型与白喉型不能得到及时而有效地治疗，致使皮肤型激发白喉型，或白喉型激发

皮肤型，从而产生混合型。

混合型耗阴液严重，导致鸡只饮不食，精神萎靡不振，肉冠、肉垂、眼睑、耳缘、肛门外周有痘疹。除此之外，还常见面部肿胀，鼻流黏涕，口角红肿并有黄白色小点。此种类型对雏鸡危害较重，并且死亡率较高。

（四）防治方剂

【中草药方剂之四十】银翘散加减方

【方剂源流】《实用中兽药学》

【组方与用法用量】（治皮肤型鸡痘）银翘散加减。

银花 20 克，连翘 20 克，板蓝根 20 克，赤芍 20 克，桔梗 15 克，竹叶 15 克，蝉蜕 10 克，葛根 20 克，甘草 10 克，煎水 500 毫升，供 100 只鸡自由饮用，连服 3 天，重者可拌入饲料喂服。患部结合涂搽龙胆紫溶液。

【中草药方剂之四十一】白喉散（笔者命名）

【方剂源流】《实用中兽药学》

【组方与用法用量】（治白喉型）：板蓝根 75 克，麦冬、丹皮、炒莱菔子、银花、连翘各 50 克，知母 25 克，生甘草 15 克，煎汤 2000 毫升，拌料，供 500 只鸡用，每日一剂。病重者灌服。外治用冰片、青黛、硼砂各等份，研成极细粉末，用喷粉器或用竹筒、纸筒喷于患鸡的咽喉伪膜上，药量以覆盖伪膜为佳，每只用药 0.1～0.15 克。

【中草药方剂之四十二】治混合型鸡痘 A 方

【方剂源流】《实用中兽药学》

【组方与用法用量】板蓝根 10 克，蒲公英、金银花、山楂、甘草各 50 克，黄芩 30 克，供 100 只鸡用。研细末，拌入饲料喂服。次日配合板蓝根 50 克，煎水 1000 毫升，使病鸡自由饮用。

【中草药方剂之四十三】治混合型鸡痘 B 方

【方剂源流】《实用中兽药学》

【组方与用法用量】金银花、连翘、板蓝根、赤芍、葛根各 20 克，蝉蜕、竹叶、桔梗、甘草各 10 克。水煎取汁，拌料喂服，为

100只鸡的用量。

【中草药方剂之四十四】冰青散

【方剂源流】《鸡病中药防治》

【组方与用法用量】冰片、青黛、硼砂各等份，研成极细粉末，混合均匀，备用。每只鸡0.1～0.15克。用法：用喷粉器或竹筒、纸筒喷洒于患鸡的咽喉伪膜上，药量以覆盖伪膜为佳。

八、禽脑脊髓炎

禽脑脊髓炎是一种病毒性传染病，主要引起雏鸡共济失调、瘫痪和头颈震颤。该病首先在美国发现，之后在世界各地陆续流行。我国于1980年在广州发现疑似病例，1983年确诊。目前广西、福建、上海和华北、东北很多养鸡地区都有流行，已成为危害养鸡业的一大隐患。

（一）流行特点

禽脑脊髓炎病毒属于小RNA病毒科，肠道病毒属。各日龄鸡都可感染，但雏鸡有明显的临床症状。病毒主要是通过消化道感染，被感染鸡通过粪便排出病毒，排毒时间5～14天，被感染的雏鸡日龄越小，相应的排毒时间越长。病毒在垫料中可存活4周，易感鸡接触污染饲料、饮水、用具后被感染。垂直感染是该病的主要传播方式，产蛋鸡感染后3周所产的蛋均带有病毒。严重感染的鸡胚死亡，但轻度感染鸡胚可出壳，由于母体抗体的保护，雏出壳后没有临床症状。该病一年四季均可发生。

（二）病因病机

病毒不经卫分，由口直入气分，在胃和小肠受纳，传化和泌别清浊时进入血液，随同气、血、津液输布侵脏。病毒在肾中经过正邪相搏，邪盛正败，肾生髓通于脑，疫毒入血分而行于脑，在脑髓中进行大量增殖，导致肿胀（炎）症。

（三）主症

病毒垂直感染雏鸡潜伏期7天，水平感染11天，此期间未见行为异常。垂直感染雏鸡初出壳就有陆续发病，由于病毒侵脑，致使病雏反应迟钝，不愿行动，常出现犬卧姿势，行走步态不稳，常以跗关节着地，行走时扇动翅膀。病雏多因行动不便，不能饮食，得不到后天营养，饥饿致死。对部分存活鸡雏，可见一侧或两侧眼球晶体混浊或浅蓝色，有的眼球增大或失明。

一旦病毒经气分进入营血，侵入脑与脊髓之中，可见鸡产蛋率下降 $16\%\sim43\%$，产蛋下降 1～2 周后有的又能恢复正常，有的病程延续。

（四）防治方剂

防治禽脑脊髓炎主要靠免疫接种，结合中药解毒，滋肾阴壮阳。

【中草药方剂之四十五】脑炎复（笔者命名）

【方剂源流】《常见鸡病中西医综合防治》

【组方及用法】金银花 20 克，连翘 20 克，板蓝根 20 克，赤芍 20 克，蝉蜕 15 克，甘草 10 克，葛根 15 克，竹叶 10 克，桔梗 10 克。粉碎，过 60 目筛，混匀，按 1% 比例混料，连用 3～5 天。

第三节 鸡病菌性及其他瘟疫病的防治

除病毒性传染病外，鸡还有病菌、支原体、衣原体、寄生虫性瘟疫（传染病）。

一、鸡白痢

鸡白痢是由多种沙门氏菌引起的疾病的总称。沙门氏菌感染雏鸡，通常致急性全身性感染，对于成年鸡则常见局部和慢性感染。对于有一定抵抗力的成年鸡给予治疗，有一定时间性机会。雏鸡，尤其是幼雏的急性发病会造成 100% 死亡。

鸡白痢分布极广，不但在我国，而且几乎在所有养鸡国家、地区均有流行。我国 20 世纪 70 年代后由于大量发展集约化养鸡业，开始认识到该病的危害性，因此，采用净化措施对阳性种鸡进行鸡白痢净化，现已取得良好效果。

（一）流行特点

鸡白痢沙门氏菌属于肠杆菌科，具有高度专一宿主性。鸡感染后终生带菌，种鸡只有淘汰。不同品种的鸡感染具有差异性，轻型鸡比重型鸡易感，出壳体温高的雏鸡比体温低的雏鸡易感性强，日龄小的比日龄大的易感，母鸡比公鸡易感，产棕壳蛋的鸡比产其他壳色蛋的鸡易感。

本病主要经种蛋传播，感染母鸡产的蛋有 1/3 带有鸡白痢沙门氏菌。其次是经粪便水平接触传播，特别是放养鸡群、笼养鸡群易感，土种鸡比引进鸡抵抗力强，较少患病。

（二）病因病机

鸡白痢沙门氏菌侵入种蛋，在胚胎孵化过程中大量增殖，造成死胚。带菌出壳雏 6 日龄发病。也有因刚出壳时温度、湿度不当等原因引起雏鸡立刻发病。病菌在雏出壳前已侵入气分与营血，在肝、肺、脾、心、肾五脏之中某脏或同时几脏中繁殖，致使胚胎或雏一出壳便发病。

中雏、成年鸡发病，一是因为初生雏携带病菌，二是鸡接触污染的饲料、饮水、器具时，病菌直入气分，经气分中正邪相搏，以邪压正进入营血致病。

（三）主症

病菌侵入气分，在肺、胃、肠中正邪相争传入营血，出现高热，热积肠道，造成雏多饮不食，气血均裹，表现内热外凉，精神不振，怕冷扎堆，绒毛无形，行走缓慢。因湿热在肠，肾受侵失司，则粪便黏稠，色白如同白灰。又由于黏粪阻塞肛门，造成排便困难，故常听雏尖叫不停，后蹲不止。病情严重时雏呆立、闭目、低头、翅耷，衰竭而亡。病程短者 2 天内死亡。一般未经及时治疗，1 周内死亡率达70%，一般 5 周龄以上鸡死亡率低，但会出现生长发育不良，耐过后终身带菌。

另外，带菌幼雏在育雏室温度低且湿度大时，易发病，病菌造成湿邪毒，形成寒湿中阻，水湿下注大肠，寒湿下痢。此种情况多见便白稀而不止，其他症状与前述相同。

成年鸡：成年鸡因具有一定抵抗力，除见白色粪便污染肛门外羽毛外，一般不见症状。若病菌已侵入肝与胞宫，可见产蛋量下降，出现畸形蛋，造成贫血后还可见肉冠苍白，严重者致肠膜炎。

【中草药方剂之四十六】穿白痢康丸

【方剂源流】《中国兽药典》2020 年版

【组方】穿心莲 50 克，白头翁 100 克，黄芩 50 克，秦皮 50 克，广藿香 50 克，陈皮 50 克，功劳木 50 克。

【功能】清热解毒，祛湿止痢。

【用法用量】雏鸡每次 4 丸，每日早晚各 1 次。

【中草药方剂之四十七】雏痢净

【方剂源流】《中国兽药典》2020 年版

【组方】白头翁 30 克，黄连 15 克，黄柏 20 克，马齿苋 30 克，乌梅 15 克，诃子 9 克，木香 20 克，苍术 60 克，苦参 10 克。

【功能】清热解毒，润肠止痢。

【用法用量】每只鸡 0.5～3 克拌料饲喂。

【中草药方剂之四十八】治鸡白痢偏方

【方剂源流】《鸡病中药防治》

【组方与用法用量】大蒜、鲜马齿苋。将大蒜和马齿苋切碎或捣成泥，或用手搓，使汁液渗入饲料内，与饲料混匀喂鸡。在雏鸡开食第 3 天，每百只鸡，每天 5～6 头大蒜（约 33 克）、马齿苋 250 克，分 6 次饲喂，第 5 天大蒜为 8～10 头，马齿苋为 500～1 000 克，以后随日龄逐渐增加用量。

【中草药方剂之四十九】白败散

【方剂源流】《畜禽疾病中西医防治大全》

【组方与用法用量】白头翁 30 克，黄连 30 克，苦参 20 克，秦皮 2 克，均为干品，用水洗干净，加水 500 毫升，煮沸 30 分钟，取出药渣，用纱布过滤，获得第 1 批药液，所剩药渣再加水 500 毫升，煮沸 20 分钟，取出药渣，用纱布过滤，获得第 2 批药液。将两批药液混合，进行沉淀，共取药液 300 毫升使用。雏鸡一次内服 0.5～1 毫升，成年鸡 1.5～2 毫升，日服 2 次。预防量为 100 毫升水加药液 10～20 毫升作为饮水，供鸡自由饮服。现制现用，宜当天用完。

二、鸡大肠杆菌病

鸡大肠杆菌病是指由致病性的大肠杆菌所引起的急性、慢性传染病。鸡大肠杆菌病传播快而广，为鸡的主要传染病之一，在我国各地均有流行，但现在已有疫苗用于预防。

（一）流行特点

不同品种、不同周龄鸡群均有发病，但以 8 周龄内幼雏多见。雏鸡发病率、死亡率均高于中雏与成年鸡，成年鸡仅见零星死亡。该病虽然常年可发，但在冬末春初最宜发病。饲养密度大，鸡舍通风不良，舍内湿度超过 70% 时鸡易发病。

病菌一是通过污染饲料、饮水、工具经口入胃、肠，引起感染。二是沾染病菌的尘埃、皮屑经鼻吸入肺，再入血。三是种蛋经泄殖腔时沾染带菌粪便，病菌由蛋的气孔进入蛋中垂直传染后代。四是公母交媾，公母互传。

若鸡群中存在慢性呼吸道病、新城疫、传染性支气管炎、传染性法氏囊病、沙门氏菌病、球虫病等，易并发或激发此病。因此，对于此病，做好以上疾病的免疫预防至关重要。

（二）病因病机

大肠杆菌与沙门氏菌相同，均为不经卫分直入气分先侵入肺、胃、肠，尔后侵入营血，然后侵入正气不固之脏腑，导致脏腑不同程度的功能障碍，造成大肠杆菌病急性或慢性暴发。该病菌可致鸡出现急性败血症、卵黄性腹膜炎、眼炎、脑炎、输卵管炎、肠炎、关节脚垫肿胀等单一和混合病症。

（三）主症

1. 急性败血症 病鸡未表现明显症状，突然死亡。此类鸡是病菌迅速侵入血液之后，通过血脉入侵肺，尤其是在心、肝中增殖，致使被侵脏腑失去功能，高热炽血，造成血塞止流。笔者曾对刚死的成年鸡立刻放血，血只滴而不成股畅流。病鸡有的呆如木鸡，有的饮食欲废绝，肛外有白色粪便污染，腹呈半圆下垂。

2. 卵黄性腹膜炎　病菌经血入胞宫，因机体正气不固，正邪相搏失利，病菌迅速增殖，导致胞宫肿胀，功能丧失，因此，卵黄成熟送入输卵管伞部，输卵管伞部不受，掉入腹腔。带菌卵黄积于腹腔中大量增殖为毒，导致卵黄性腹膜炎，鸡最终因抗毒无力而死亡。多见于成年产蛋鸡。因胞宫失养，即使产蛋，也是薄壳易碎蛋。

3. 眼炎　病菌侵入营分，威胁肝与心包，由于肝疏泄失调，气血运行无能，出现肝火上炎，导致眼病；又加之热入心包，热闭郁于里，上传于目，因此，致目肿，翳混浊，眼生脓性眼屎，由里向外自眼角排出。此症治疗及时，视力可复，如任其不治，必失明眼闭。

4. 脑炎　病菌入血进入脑髓增殖导致炎症，脑为髓海，髓海控制周身；又加之心受侵，输血不足，血养髓失职，脑不能指令，因此，鸡昏迷不醒，饮食欲废绝，并且常伴有下痢，最后衰竭死亡。多见于成年鸡。常由败血支原体病、传染性鼻炎和传染性喉气管炎继发。

除上述四种主症外，还有输卵管炎、肠炎、雄鸡生殖器炎、关节足垫肿胀、肿头综合征等。

（四）防治方剂

【中草药方剂之五十】四黄止痢颗粒

【方剂源流】《中国兽药典》2020 年版

【组方】黄连 200 克，黄柏 200 克，大黄 100 克，黄芩 200 克，板蓝根 200 克，甘草 100 克。

【功能】清热泻火，止痢。

【中草药方剂之五十一】克大肠杆菌散

【方剂源流】《中国兽药典》2020 年版

【组方】千里光、蒲公英、黄柏、黄连、白头翁、艾叶、金银花、穿心莲、信石、青蒿、青黛各等份。

【功能】清热解毒，杀菌消炎。

【用法用量】治病0.5%，防病0.3%，5天为一个疗程。

【中草药方剂之五十二】

【方剂源流】胡元亮《中兽医学》

【组方】葛根350克，黄芩300克，苍术300克，黄连150克，生地200克，丹皮200克，厚朴200克，陈皮200克，甘草100克。

【用法用量】研末拌料投喂，每只成年鸡每天1～3克，连喂3～5天。

【中草药方剂之五十三】解毒止痢散（编者命名）

【方剂源流】《常见鸡病中西医综合防治》

【组方】板蓝根100克，穿心莲100克，葛根50克，白芍50克，黄连100克，秦皮50克，白头翁50克，连翘100克，苍术50克，木香50克，乌药50克，黄芪50克，甘草50克。

【功能】泻火解毒，清热止痢。

详见本书中草药方剂之十二黄白止痢散。2004年笔者在北京市门头沟清水镇饲养中华宫廷黄鸡成年鸡745只，患大肠杆菌病、感冒，日死鸡3只后立刻投药，按日料量的0.6%拌料。投药当天死亡7只，次日死亡4只，第3天死亡1只，此后再无死亡。

三、鸡葡萄球菌病

鸡葡萄球菌病又称传染性骨关节炎，是由金黄色葡萄球菌或其他葡萄球菌所引起的疾病。

（一）流行特点

葡萄球菌侵及鸡体与前面所讲的病毒、细菌最大的区别是经由卫分（皮肤）入侵，并且是水平接触性传播。

该病在我国南、北方都流行，集约化、散养鸡均能感染。因为葡萄球菌在相对湿度大的环境下增殖快，所以在阴雨连绵的夏季最易感；在南方湿度大的地域比北方易发；在鸡群密度大，饲养管理不当，湿度大的鸡舍更易感；垫料污染严重的鸡舍也易感。

30～90 日龄鸡最易感，其他日龄也易感，但病程长，易感群体死亡率可达 50％。

（二）病因病机

鸡因缺乏某些营养物质，造成啄羽、啄肛、啄皮；公鸡争斗刺破皮肤；公母自然交配时，因公鸡踩母鸡背部而爪刺破背部皮肤；当鸡受惊乱飞造成撞伤时，都会给病菌造成入侵机会。细菌侵入皮肤，加之鸡皮肤与黏膜受损导致机体的防卫机能受损，热毒之邪进入腠理致气血壅滞，经络阻塞，伤处化脓而出现病灶。若机体正气亏虚，抗邪无能，正不抗邪，热毒会内陷营血，致肝、肾及其他脏腑功能失常。脏腑功能失常后出现病症。

（三）主症

细菌侵犯肝、脾，致气、血、津液输布受阻，运行无律，气、血、津液失律便亏损无常，又加之细菌侵犯肾脏，肾生髓主骨，造成血养髓无力，肝失常造血无能，因此，鸡出现败血之症。其表现神昏，出现呆立不动或行动缓慢，或者出现犬卧姿势，还会出现蓬头散羽，两翅下垂抱体，尾羽下耷。病鸡随着体温上升，开始多饮少食，而后随着出现高热炽内食饮废绝，体衰竭至极点闭目而亡。死后可发现有的鸡泻泄严重，污染肛门外羽毛。

急性败血症：由于热毒在血分，故迫血妄行，造成发斑出血。鸡呈现出胸腹部、大腿内侧皮下水肿，渗出血样液体，呈紫色、黑紫色，手触有波动感，皮肤局部羽毛自脱或手触羽脱。脱羽之处可见局部溃疡，并渗出黄色液体。有的鸡还出现全身性皮肤点状出血或干硬痂。病程多为 2～5 天，转归死亡。

关节炎：肾失司，骨患病，血受损，细菌在关节增殖致病，故病鸡表现出多关节肿胀，以跖、趾关节为严重，多出现破溃后黑痂，有的出现趾瘤。病鸡多因行动不便而伏卧，不得吃食饮水，饥饿，消瘦，无营养之源，自耗体内营养，衰竭而亡。病程 10 天左右。

（四）治疗方剂

【中草药方剂之五十四】

【方剂源流】《中草药防治禽病》

【组方与用法用量】 黄连、黄柏、焦大黄、黄芩、板蓝根、茜草、大蓟、车前子、神曲、甘草各等份，共研细末，成年鸡按每千克体重 2 克，雏鸡按每千克体重 0.6 克拌料饲喂，每天 1 次，连用 3～5 天。

【中草药方剂之五十五】

【方剂源流】《中兽医基础与临床》

【组方与用法用量】 黄芩、黄连、焦大黄、板蓝根、茜草、大蓟、地榆、丹皮、神曲、甘草各等份，为末拌料或每只鸡每天 2.5 克（成年鸡用量，雏鸡酌减），连用 3～5 天。

【中草药方剂之五十六】 四黄小蓟饮

【方剂源流】 胡元亮《中兽医学》

【组方与用法用量】 黄连、黄芩、黄柏各 100 克，大黄、甘草各 50 克，小蓟（鲜）400 克，煎 3 次得滤液约 5 000 毫升，作为饮水供雏鸡自饮，日服 1 剂，连喂 3 天。

【中草药方剂之五十七】 祛湿邪散

【方剂源流】《中草药防治禽病》

【组方与用法用量】 鱼腥草 90 克，连翘 45 克，大黄 40 克，黄柏 50 克，白及 45 克，地榆 45 克，知母 30 克，菊花 80 克，当归 40 克，茜草 45 克，麦芽 90 克。粉碎混匀，按每只鸡每天 3.5 克拌料，4 天为一个疗程。

【中草药方剂之五十八】 济世消黄散

【方剂源流】《中兽医学》

【组方与用法用量】 黄连 10 克，黄柏 10 克，黄芩 10 克，栀子 10 克，黄药子 10 克、白药子 10 克，大黄 50 克，款冬花 10 克，知母 10 克，贝母 10 克，郁金 10 克，秦艽 10 克，甘草 10 克（100 只成年鸡用量），水煎 3 次，混合，候温饮服。

四、鸡慢性呼吸道病

鸡慢性呼吸道病是由鸡败血支原体引起的一种呼吸道传染病，又称鸡毒支原体感染。因为鸡感染后呈慢性经过，病程长，发病率高，死亡率低，所以称为慢性呼吸道病。

本病在我国各地均有流行，但四季分明的北方地区比南方严重，冬季寒冷干燥，鸡舍温度低而密闭，通风换气不良，更易发病。

（一）流行特点

本病可以水平接触传播，也可通过种蛋垂直传播。水平传播方式与传染性鼻炎相同，带菌或已发病带菌严重鸡，通过鼻中排涕，打喷嚏喷出飞沫，其中的病菌直接被健康鸡吸入，造成易感鸡感染，或污染饲料、饮水，一旦被健康鸡饮食，也可造成传播。另外，还有风吹动带菌尘埃、交叉使用鸡舍工具、人员传播途径。

病菌侵入鸡体最大特点是隐性侵入。根据《中兽医基础与临床》报道，人工感染发病潜伏期为4～21天，一般呈慢性经过，病程长达1个月，甚至延续3～4个月。因病程长，有治疗机会，所以人工感染鸡死亡率仅10%。但是由于该病呈隐性，不易发现，且易与大肠杆菌病、传染性鼻炎、传染性喉气管炎和传染性支气管炎混合感染，因此，一旦发现此病，应立即治疗，以防混合感染。各年龄鸡均有感染，以雏鸡和青年鸡最严重。

（二）病因病机

鸡发病原因，一是鸡群饲养条件差，尤其是鸡舍温度偏低，饲养密度过大，饮食有限，造成机体卫外能力低下；二是成年鸡遭受其他疫毒疫菌侵袭而正气不固；三是雏鸡或成年鸡免疫器官发育不健全，抗病能力较差。因此，鸡败血支原体乘虚而入致病暴发。

病菌直入气分，在肺中增殖后致肺宣发肃降功能失调，通调水道不利，水液上逆外应于鼻。

（三）主症

典型症状主要发生在幼龄鸡。若无其他并发症，病鸡因肺气水液上逆，先流清鼻涕，而后因气管、支气管等呼吸道出现肿胀（炎症），上逆出浆黏性鼻液，气管、咽因肿胀发痒，导致打喷嚏；严重时鼻窦肿胀，眼结膜发炎，面部肿胀，张口呼吸，为清理气道而甩痰，咳而气喘，并能听到气管啰音；最后阴液亏竭，气道严重阻塞，不能呼吸而死亡。产蛋鸡主要症状是产蛋率下降到一定水平不得回升。

（四）治疗方剂

【中草药方剂之五十九】 A、B 两方

【方剂源流】《中草药防治畜禽传染病》

【组方与用法】 A：甜杏仁 30 克，桔梗 60 克，甘草 30 克，半夏 30 克，枇杷叶 50 克。水煎，供 500 只鸡剂量（编者经验）。

【组方与用法】 B：石决明 120 克，黄药子 50 克，白药子 50 克，黄芩 60 克，陈皮 30 克，苍术 30 克，桔梗 30 克，栀子 50 克，鱼腥草 100 克，苏叶 50 克，苦参 30 克，郁金 30 克，龙胆草 30 克，大黄、三仙、甘草各 20 克。水煎，每只鸡每天 2～3 克（编者经验）。治疗病鸡 46 467 只，用药 3～5 天后症状基本消失，8～10 天后产蛋量开始回升，治愈率达 98.5% 以上。

【中草药方剂之六十】

【方剂源流】《中药饲料添加剂》

【组方】 石决明 50 克，草决明 50 克，大黄 40 克，黄芩 40 克，栀子 35 克，郁金 35 克，鱼腥草 100 克，苏叶 60 克，紫菀 80 克，黄药子 45 克，白药子 45 克，陈皮 40 克，苦参 40 克，胆草 30 克，苍术 50 克，三仙各 30 克，甘草 40 克，桔梗 50 克。

【功能】 清热解毒，止咳平喘，清肝明目。

【用法用量】 将诸药粉碎，过筛备用。用全日饲料量的 1/3 与药粉充分拌匀，并均匀撒在食槽内，待鸡吃尽后，再添加未加药粉的饲料。按每只鸡每天 2.5～3.5 克剂量，连用 3 天。

详见本书中草药方剂之十一，咳喘宁。笔者曾用此方给 2 批中华宫廷黄鸡投药，剂量按 0.5% 比例添加至饲料中，5 天为一个疗程，死亡率仅 1%，效果很好。

五、滑液支原体感染病

鸡滑液支原体病是由鸡滑液支原体感染引起的。该病在我国广州、北京、内蒙古均有发生。

（一）流行特点

鸡滑液支原体的传播主要是鸡群之间与鸡个体之间的水平接触传播，带菌鸡呼出的飞沫和排出的分泌物可传染健康鸡。另外，污染的水、饲料及用具也可传播本病。病菌也可通过种蛋垂直传染给后代，因此，绝不能用普通种蛋孵出的鸡胚培养菌苗为健康雏免疫接种，以防人工传染。

病菌自然接触感染潜伏期较长（10～20 天），经种蛋垂直传染孵化后感染 6 天则发病。

（二）病因病机

病菌直入气分侵肺，然后经肺入血，血中病菌逐渐致心、肝、脾、肾等脏腑部分或全部失去生理功能，互相不得救助补失和协调，五行循行无力，致病症先后呈现，病程长短不一。

（三）主症

肺在生理功能上主呼（吐）气，肾主吸（纳）气，肺、肾失司则呼吸异常。肾主水，肾与肺、脾共协水液升清降浊，三脏失司，浊液失降，上逆至肺、鼻逆溢，出现流鼻涕，严重时排脓涕，打喷嚏，再严重时阻塞气道，则鸡出现甩脓痰、张口呼吸。

另外，肝主筋，肾主骨，病菌在适宜繁殖的骨关节滑液中迅速繁殖，致骨膜肿胀，造成鸡意动而无能，最重要的是饮食不得，加之肝病联胆，热毒侵肠，拉绿色稀粪，体衰无力，多被健康鸡挤压而亡。死前多呈现败血症，面部、肉冠苍白，神志昏迷，呆立，呆卧。该病和其他传染病相比，发病率较低，一般不超过 20%，死亡率约 10%。

【中草药方剂之六十一】通鼻散

【方剂源流】《中兽医处方手册》

【组方】白芷 25 克，双花 10 克，板蓝根 6 克，黄芩 6 克，防风 15 克，苍耳子 15 克，苍术 15 克，甘草 8 克。

【功能】通宣理肺，解表化痰，开窍通鼻。

【用法用量】共研细末拌匀。成年鸡 1.5 克，或按 0.6% 比例添加于饲料中。一个疗程 7 天。

其他方剂见本章中草药方剂之二十一"清瘟败毒散"，方剂之二十三"五黄解毒散"，方剂之五十八"济世消黄散"。

六、鸡球虫病

鸡球虫病呈世界性分布，在我国造成的经济损失严重。

（一）流行特点

鸡球虫属于艾美耳属。目前鸡场主要流行的球虫有堆型艾美耳球虫、布氏艾美耳球虫、巨型艾美耳球虫、柔嫩艾美耳球虫、毒害艾美耳球虫、和缓艾美耳球虫。我国以柔嫩和毒害艾美耳球虫侵害鸡群最为严重。

3～6 周龄鸡易发球虫病，也有 110 日龄鸡发病。笔者 1992 年由美国引进的迪卡褐祖代鸡 9 日龄发病。

鸡球虫病发病季节多在 4—9 月，但由于我国地域辽阔（热带、亚热带、温带均有分布），因此，各地发病季节略有不同，北京多在 6—8 月炎热、潮湿季节发生，其他季节在鸡舍通风不良造成湿度大时易发生。

传染途径主要是鸡排出的粪便中含有球虫卵囊，污染水、饲料和用具，被健康鸡食入或接触感染。若孵化时消毒不严格，刚出壳雏感染，1 周内发病，表现急性症状。

球虫的卵囊对多种化学消毒药有抵抗力，但是对温度比较敏感，55℃ 10 分钟便可杀灭。因此，将鸡粪便堆积发酵或焚烧病鸡污染物是较好的消毒方法。

（二）病因病机

球虫卵囊在鸡吃食时进入口中，入消化道，然后选择小肠或盲肠这两个最适宜的空间进行有性繁殖、无性分裂，侵害宿主。球虫卵囊发育快，增殖速度更快，一个虫体可很快增殖上万个。

有资料报道，卵囊是在小肠破裂时进入。笔者认为它是在肠黏膜吸收水谷精微时进入肠上皮细胞中。若被侵之机体，正气乃固，疫邪便无"立足之地"，则不得发病；若疫邪盛、正气衰则必发病。因球虫种类较多，鸡体对不同种类球虫的抵抗力不同，若针对一种球虫免疫接种疫苗，则鸡体可产生某一种正气抵御该种球虫的侵入，但是其他种类的球虫仍可侵入，所以球虫病比疫毒疫菌病的危害更大。

（三）主症

鸡球虫病有急性和慢性两种类型。

1. 急性型 急性型多发生在 2 周龄内鸡雏，此时雏鸡正由母体供给营养阶段向后天供给营养阶段过渡，又加上初生后环境不适应、免疫器官发育不完全，机体卫气不固，球虫入侵，造成小肠、盲肠发生感染，幼雏出现体内炽热、体表寒冷而扎堆取暖，形似鸡白痢病鸡，翅羽护体，形如团状，因废食多饮，常将头部绒毛弄湿，排黄色稀便，与鸡白痢的最大区别是，盲肠受损便血，严重时见粪便中成堆鲜血。幼雏因失血而严重贫血，很快死亡。

2. 慢性型 慢性型多见于有一定抵抗力的青年鸡，偶尔也可见产蛋鸡。因球虫卵囊入侵时，鸡体有一定抵抗力，正邪反复"较量"，邪占上风，鸡排黄稀便，正气治邪，粪便正常，因此，出现间歇性拉稀，虽不见血便出现，但鸡因耗营养过多导致不同程度贫血，出现冠白体瘦，无精打采，一旦食欲不旺，再加之环境突变的应激，有的鸡会死亡，有的则生长发育迟缓，该开产时不开产，然后被淘汰。

（四）防病方剂

【中草药方剂之六十二】白头翁散加减

【组方与用法】白头翁 40 克，黄柏 20 克，黄连 20 克，陈皮 30 克，苦参 20 克。用法：煎水灌服。11 日龄以上病雏加木香、桂枝、姜炭；10 日龄以内病雏加木香、姜炭、茯苓，白头翁减半。

【中草药方剂之六十三】止痢汤

【组方与用法】马齿苋 90 克，白头翁 80 克，黄柏 80 克，米壳 50 克，五倍子 50 克，甘草 30 克。用法：煎水饮服，每天 2 次。

【中草药方剂之六十四】

【方剂源流】《兽医基础与临床》

【组方与用法用量】白头翁 10%，马齿苋 15%，黄柏 10%，雄黄 10%，马尾连 15%，诃子 15%，滑石 10%，藿香 10%，共研为末，按 3%比例拌料用于预防。病重雏鸡，按每只取药 0.5 克与少量饲料混合制成面团填服。

【中草药方剂之六十五】白头翁（《伤寒论》）加减

【方剂源流】《中兽医内科学》

【组方与用法】白头翁 10 克，黄柏 10 克，苦参 15 克，黄连 10 克，马尾连 15 克，藿香 10 克。上药共煎，候温后去渣滤出，供 500 只雏鸡饮用或拌料。每天 1 剂，连服 3 天。

【中草药方剂之六十六】参苓白术散（《和剂局方》）加减

【方剂源流】《中兽医内科学》

【组方与用法】党参 15 克，白术 10 克，黄芪 15 克，苍术 20 克，茯苓 15 克，桂皮 10 克。上药共水煎候温后，去渣滤出，供 200 只病鸡饮用或拌料。每天 1 剂，连服 3 天。或用白术、苍术、茯苓各等份，研成极细末，按 0.5%～1%比例拌料，重者每只喂服 0.2～0.4 克。

【中草药方剂之六十七】

【方剂源流】《实用中兽医学》

【组方与用法用量】雄黄 10%，白头翁 10%，马齿苋 15%，黄柏 10%，马尾连 15%，诃子 15%，滑石 10%，藿香 10%，混合后按 2%～4%比例拌料；病重雏鸡，每只 0.2～0.5 克填服，5 天为一疗程。

七、鸡虱病

鸡虱属于食毛目短角鸟虱科，即所谓咀嚼虱。其特征是头部的腹面上具有咀嚼型的上颚，身体扁平，头前长，短触角。该病呈世界性分布。

（一）流行特点

鸡虱主要有雏鸡头羽虱、鸡圆羽虱、鸡圆虱、鸡翅虱、鸡羽虱5种。

虱的寄生特点是一生均寄生在宿主身上。它的卵通常成簇地附着于羽毛上，经4～7天孵化，由卵变成稚虫，再由稚虫蜕皮为成虫。一对虱几个月就可产百万卵。

（二）病因病机与主症

鸡虱以食羽毛和皮屑为主。在它们的生活过程中，其在鸡体肤爬来爬去，致鸡痒而不安，扰乱鸡神志不敏，视闻迟钝，并且扰食扰饮，造成摄取营养不足，致幼鸡生长停止，成年鸡产蛋量下降。凡虱附鸡体，常见鸡抬起趾抓痒，有时站立，突然无惊乱跑和摇头摆尾。严重者偶见脱羽和羽毛凌乱蓬松，或无羽毛。

（三）防治方剂

【中草药方剂之六十八】

【方剂源流】胡元亮《中兽医学》

【组方与用法用量】百部1千克（200只鸡用量），加水50千克，煎煮30分钟，纱布过滤，药渣再加水35千克，煎煮30分钟，过滤，混合2次药液，选择晴天进行药浴（抓住鸡的双翅，将鸡全身浸入药液浸透羽毛后，提起鸡沥去药液），第2天再药浴1次。

【中草药方剂之六十九】

【方剂源流】胡元亮《中兽医学》

【组方与用法】旱烟末（或硫黄粉）8份，滑石粉2份，混匀，撒于患鸡羽毛中。

【中草药方剂之七十】

【方剂源流】《鸡病防治》

【组方与用法】取百部 15～20 克，浸入米酒 0.5 千克，浸制 5 天，用时拿干棉球蘸药在鸡的皮肤上搽，每天搽 1 次，连续 3 天。

编者按：方剂七十与方剂六十八同为一味中草药，但用法不同，不要误用。另外，凡是外用药，都应第一次用药后，过 7～10 天再用一次，才能彻底灭虱。

八、鸡螨病（疥癣）

鸡螨病病原主要有鸡皮刺螨（也称鸡螨、红螨）、羽螨和突变膝螨。这三种螨都具有角质化较高的背板和腹板，跗节上有爪和肉垫，靠近第 3 基节处有腹侧气孔，小的螯肢位于长鞘的基部。这样的螨在皮肤、羽上可随时寻找机会吸血，有的甚至还钻入皮肤内吸血，也有的深入到羽管中去吸血。

（一）流行特点

鸡皮刺螨广泛分布于世界各地，在我国主要分布于温带地区。

鸡皮刺螨雌虫第一次吸血后 12～14 小时产卵，卵附着于鸡栖笼或栖架等处，当气温适宜孵化时，经 48～72 小时孵化为幼虫，这时幼虫不吸血，再经过 24～48 小时蜕变为稚虫，然后在适宜气温下再蜕变为成虫，整个发育过程约需 7 天。由于该螨可在不摄食的情况下生活 21 天，因此，传播广泛。该螨昼息夜行，夜间鸡栖它忙，导致鸡昼夜不得安宁。

鸡羽管中有血供应，羽螨常寄生在羽管内。鸡突变膝螨生存在鸡的脚和无毛的鳞片缝间。

鸡螨病为接触性传播，越是使用时间长的鸡舍，越易感染。

（二）病因病机及主症

无论是哪种螨虫，都是以吸食鸡血液为生，因此，其致病的病因病机及主症与虱相同。

（三）防治方剂

【方剂源流】胡元亮《中兽医学》

【中草药方剂之七十一】荆防汤

【组方与用法】荆芥、防风、苦参、苍术、地肤子、白鲜皮、生地、牛蒡子各 10 克，蛇床子、蝉蜕、甘草各 8 克，水煎取汁洗患处 10～15 分钟，每天 2 次，连用 5～7 天。

【中草药方剂之七十二】疥癣涂抹剂

【组方与用法】蛇床子 2 份，硫黄 3 份，百草霜 2 份，陈石灰 1 份，生茶油适量，研末与茶油调和，涂擦患处，每日 2 次。

【中草药方剂之七十三】

【组方与用法】明矾 30 克，硫黄 10 克，芒硝 20 克，青盐 20 克，乌梅 20 克，诃子 20 克，川椒 15 克，水煎取汁涂抹患处。

【中草药方剂之七十四】烟椒清洗剂

【组方与用法】干烟梗（切成 3 厘米一段）5 千克，花椒 500 克。铁锅放净水 10 千克，烧开后将两味药放入沸水中煮至醋色，然后用细罗去渣，候凉用喷雾器为鸡喷雾。每日上午 10 点，下午 4 点，各喷雾 1 次。隔日再喷一次，效果良好。

第四节　脏腑病症

脏腑病症主要指外感六淫致病，脏腑内伤失司致病，以及中毒、瘀血等病证。

脏腑病症与瘟疫病症是不可分割的，往往瘟疫病因治疗不彻底与脏腑交叉，激发脏腑发症。现代集约化养鸡瘟疫病太多，且易与其他病证混淆，为准确辨证施治，中兽医也应剖检，并对病料进行理化检验，确认后再行中药施治，这样可保障鸡群健康生产。

一、鸡咳喘症

咳，即咳嗽，《金匮要略》讲："吸收胸中上气者，咳。"喘，《简明中医字典》讲："指呼吸急迫。喘者息，息谓嘘吸气也。"咳，能将上逆异物由咽经口吐出。喘，急迫、急促呼吸。咳、喘有同有异，混称为咳喘。

咳喘症并非是肺及呼吸系统独自控制，《黄帝内经·素问·咳论》指出："五脏六腑皆令人咳，非独肺也"，因此，我们在施治时要先究其病因，再施药。

鸡与哺乳动物的呼吸器官不同，其生理功能也不同，鸡对清气（主要氧气）的利用率高，因为它有 9 个气囊，行双重呼吸。鸡呼吸器官与生理功能的复杂性决定了呼吸系统发病的机会多。鸡有 9 种瘟疫病都可侵袭呼吸道，外感和脏腑失司也致呼吸道病变，可见鸡的咳喘症类型很多，只有首先辨诊出病症，才能有针对性地投药治疗，否则，不但浪费药材，而且耽误适时治疗。为了方便读者辨别病种，特整理表 7-1，以供参考。

（一）病因病机

（1）病菌经鼻侵犯肺，肺为邪所扰，气不宣降，肺气郁结而发喘症。

（2）饲料、饮水不洁，污染致病性大肠杆菌，病菌上犯肺经，致使气不宣降，津液失布，气郁化火，灼炼肺津而发喘症。

（3）饲养密度过大，鸡舍通风不良，有害气体（氨气）积聚舍内，日久侵害肺而发喘症。

（4）外感风寒后发生感冒，感冒不愈，波及肺深部而变生喘症。

（二）辨证施治

根据病程及症候特点，鸡咳喘症常见以下 4 种类型。

1. 肺气郁结

（1）主证　常在 5～10 周龄发生。病初呼吸增数，鼻流黏液，喷嚏频作，鼻窦肿胀，逐渐随呼吸增数而出现明显啰音。病鸡食欲减退，日渐消瘦，喘势加重，常在气候骤变或在剧烈应激时死亡。

表 7-1 温疫病与咳喘症鉴别诊断

病名	病原	流行病学	症状	病变	死亡率
传染性喉气管炎	疱疹病毒	主要侵害中雏，传播迅速，发病率高，病程约 15 天，病程长的可达 1 个月	呼吸困难，呈现头颈上伸和张口呼吸的特殊姿势，有湿性啰音，咳出血性黏液。化学药物治疗无效，中药治疗效果佳	喉头和气管出血，有伪膜和干酪样物	成年鸡死亡率 70%
传染性支气管炎	冠状病毒	4 周龄以内雏鸡易感性高，传播迅速，病程 4～18 天	气喘，咳嗽和气管啰音。化学药物治疗无效，中药治疗效果佳	气管、鼻道和窦内有黏液、卡他性渗出物或干酪样物	雏鸡死亡率 25%
鸡支原体病（慢性呼吸道病）	鸡败血支原体	主要侵害 4～8 周龄鸡，成年鸡也有发病，呈慢性经过，可经卵性传染	流浆性和黏性鼻液，呼吸困难，后期眼睑肿胀，眼部突出、眼球萎缩，甚至失明。链霉素、四环素类药物有疗效，中药治疗效果好	气囊浑浊、水肿，囊腔内有炎性渗出物或干酪样物	幼鸡死亡率 90%，成年鸡死亡率因饲养条件不同而不等
传染性鼻炎	鸡嗜血杆菌	主要发生于 8～12 周龄鸡，呈急性经过，病程 4～18 天	眼、鼻有炎性分泌物，鼻孔周围和结膜内有干酪样物积聚，恶臭。面部、肉髯和眼眶肿胀。抗生素及磺胺类药物有疗效，中西同治效果佳	—	发病率高，死亡率 20% 左右
禽流感	正黏病毒	可侵害鸡及其他家禽、野禽	咳嗽、打喷嚏、呼吸困难、张口呼吸、尖叫、眼流泪、啰音、颜面水肿、下痢。中药治疗效果果佳	肺，肾水肿，气管炎，肠炎，气囊炎	肉鸡比种鸡死亡率高

（续）

病名	病原	流行病学	症状	病变	死亡率
鸡新城疫	副黏病病毒	各种年龄的鸡均易感，传播迅速，病程2～5天、亚急性10天以上	急性或"咯咯"声、呼吸困难。发出"咕噜"或积多量水、嗉囊空虚，内积多量水、嗉囊空虚。亚急性和慢性：有神经症状。药物治疗无效。中药治疗有效	腺胃黏膜乳头出血和溃疡；肠有出血性和纤维素性坏死性炎	90%～100%
鸡痘	鸡痘病毒	侵害不同年龄鸡，病程3～4周。蚊是主要传播媒介	皮肤型：鸡冠、肉髯、眼睑有灰白色小结节；白喉型：在咽喉黏膜上发生黄白色伪膜；混合型：兼有以上两型症状	内脏未见病变	白喉型死亡率高，可达50%以上
禽巴氏杆菌病	禽型巴氏杆菌	鸡急性病程1～3天、慢性病程几周或几个月	急性：呈急性败血症，死亡迅速。呼吸迫促、下痢，体疼痛。抗生素与磺胺类药物有疗效。中药治疗效果好；慢性：口鼻流泡沫样液体。呼吸迫促、发慢性：肉髯肿胀，关节、鼻窦肿胀、干酪样坏死	急性：肝脏肿大，表面有灰白色坏死点。浆膜出血；慢性：肉髯肿胀，关节、鼻窦、窦肿胀、干酪样坏死	最急性和急性死亡率高、慢性因饲养管理条件不同而不等
禽曲霉菌病	主要是烟曲霉菌、黄曲霉菌	侵害1月龄以内鸡，通过霉败的垫草和饲料感染	气喘、呼吸困难、无啰音。制霉菌素、碘化钾有疗效。中药治疗效果好	肺和气囊内有灰白色或淡黄色小结节，压片镜检可见霉菌丝和孢子	50%以上

（2）治疗方剂

【中草药方剂之七十五】 清肺散

【方剂源流】《中国兽药典》2020年版

【组方】 板蓝根90克，葶苈子50克，浙贝母50克，桔梗30克，甘草25克。

【功能主治】 清肺平喘，化痰止咳。主治肺热咳喘，咽喉肿痛。此方对传染性喉气管炎有效。

【用法用量】 鸡每日1～3克。

2. 热邪袭肺

（1）主证　各种年龄的鸡均可发病，但以6～15周龄鸡较常发生。证见喘急，咳嗽，眼和鼻窦微肿，排绿色或黄白色稀粪，口渴，食欲减退，精神不振，冠髯暗紫，日渐消瘦。本类证型多见于大肠杆菌引起的气囊炎，或大肠杆菌和支原体混合感染。

（2）治疗方剂

【中草药方剂之七十六】 清肺止咳散

【方剂源流】《中国兽药典》2020年版

【组方】 桑白皮30克，知母25克，苦杏仁25克，前胡30克，金银花60克，连翘30克，桔梗25克，甘草20克，橘红30克，黄芩45克。

【功能主治】 清泻肺热，化痰止痛。主治肺热咳嗽，咽喉肿痛。

【用法用量】 每只鸡每日1～3克。

【中草药方剂之七十七】 止咳散

【方剂源流】《中国兽药典》2020年版

【组方】 知母25克，枳壳20克，麻黄25克，桔梗30克，苦杏仁25克，葶苈子25克，桑白皮25克，陈皮25克，石膏30克，前胡25克，射干25克，枇杷叶20克，甘草15克。

【功能主治】 清肺化痰，止咳平喘。

【用法用量】 每只鸡每日1～3克。

3. 痰热壅肺　常发生于鸡舍氨气、硫化氢、二氧化碳和其他有害气体过多时。证见病鸡张口喘息，呼吸时啰音明显，食欲减退或废绝，精神不振，伏卧懒动，冠髯发紫，常有下痢。经改善鸡舍空气环境，病情很快缓和。

4. 外感风寒

（1）主证　常发生于雏鸡突然受寒感冒时。证见病鸡颤抖拥挤一团，呼吸短浅，喘息气粗，常有尖锐啰音，咳嗽，不断甩鼻，鼻流清涕。

（2）治疗方剂

【中草药方剂之七十八】 板蓝根片

【方剂源流】《中国兽药典》2020 年版

【组方】 板蓝根 300 克，茵陈 150 克，甘草 50 克。

【功能主治】 清热解毒，除湿利胆。主治感冒发热，咽喉肿痛，肝胆湿热。

【用法用量】 粉碎后拌料，每只鸡每日 1～3 克。

【中草药方剂之七十九】 板蓝颗粒

【方剂源流】《中国兽药典》2020 年版

【功能主治】 清热解毒，凉血。主治风热感冒，咽喉肿痛，热病发斑等温热性疾病。

【组方】 板蓝根 600 克，大青叶 900 克。

【用法用量】 直接使用，每只鸡每日 1～3 克。

二、腹泻症

关于鸡的腹泻症，中兽医临床上一般将传染性腹泻症称为痢疾，如红痢、白痢、绿痢；一般将非传染性腹泻症称拉稀。由于二者不能截然分开，因此在临床上要辨证施治。

（一）病因病机

感受寒邪：舍内温度过低，或过饮冷水，吃食冰冻饲料，或伏卧于阴冷潮湿地面，致使寒邪内侵，损伤脾阳而发病。

热邪内侵：暑热之气侵袭，或吃食腐败生毒的饲料，或饮用污秽不洁的饮水，或病菌经口入侵胃、肠，热邪积内损害胃、肠而发病。

虫毒侵害：对鸡有致病作用的一些寄生虫，以其虫体和产生的毒素侵害脏腑而发病。如蛔虫病、球虫病、组织滴虫病等，都可引起严重的腹泻症。

（二）辨证施治

1. 寒泄证

（1）主证　有明显的受寒病因，或遇寒腹泻加重的特点。常见排粪稀薄，甚至稀如水状，粪中无脓血夹杂，粪味不显臭。病鸡食欲不振，呆立懒动，羽毛蓬松，肛门污染。

（2）治疗方剂

【中草药方剂之八十】胃苓散

【方剂源流】《丹溪心法》

【组方与用法】苍术 15%、陈皮 13%、厚朴 12%、猪苓 10%、泽泻 10%、白术 10%、桂枝 8%、甘草 5%、生姜 8%、大枣 9%。（编者注：原方各味药无量，笔者增加各药味添加比例，曾为鸡投药 4 天，痢止）。

【功能】温健脾胃，涩肠止泻。

【中草药方剂之八十一】参苓白术散

【方剂源流】（《和剂局方》）加减

【组方】人参（可用党参代替）、白术、白茯苓、甘草、山药、白扁豆、莲子仁、桔梗、薏苡仁、砂仁。各味药均占 10%。

【功能主治】健脾开胃。主治便稀。

2. 热泄证

（1）主证　发病急速，排粪稀薄或呈水状，粪中常夹杂脓血或肉样物，粪便常带绿色、灰绿色、白色或红色。病鸡食欲减退或废绝，精神委顿，缩颈闭眼，呆立懒动，喜欢水。常急性死亡。

（2）治疗方剂

【中草药方剂之八十二】苍术香连散

【方剂源流】《中国兽药典》2020 年版

【组方】黄连 30 克，木香 20 克，苍术 60 克。

【功能主治】清热燥湿。主治下痢，湿热泄泻。

【中草药方剂之八十三】杨树花片

【方剂源流】《中国兽药典》2020 年版

【组方】每片含生药 0.3 克（编者注：笔者对杨树花收集晒干，按日粮 0.5% 投药，效果佳）。

【功能主治】化湿止痢。主治痢疾和肠炎。

对此病也可用"黄白止痢散"。详见本书中草药方剂之十二。

3. 虫毒泄

（1）主证　发病急速或慢性。证见排粪稀薄，有的病鸡排粪夹杂血样或肉样物，有的夹杂明显的虫体（如蛔虫、绦虫等）。病鸡消瘦、贫血，冠髯苍白，食欲减退或废绝，精神委顿。重剧病鸡常呈急性死亡。

（2）治疗方剂

【中草药方剂之八十四】健脾止痢散

【方剂源流】《畜禽疾病中西医结合防治》

【组方与用法】党参 60 克，黄芪 60 克，白术 500 克，炒地榆 500 克，黄芩 500 克，黄柏 500 克，白头翁 500 克，苦参 500 克，秦皮 500 克，焦山楂 500 克。共为细末，混匀备用。每只鸡每天 1.5 克，拌料饲喂。

【中草药方剂之八十五】泻痢灵

【方剂源流】胡元亮《中兽医学》

【组方与用法用量】黄连 30 克，葛根 30 克，黄芩 15 克，白头翁 20 克，藿香 10 克，木香 10 克，厚朴 20 克，茯苓 20 克，炒白芍 20 克，炒山药 30 克，焦三仙 30 克，党参 10 克，黄芪 10 克，甘草 15 克。粉碎混匀，每日按 30 日龄内雏鸡 0.5 克、30～60 日龄中雏 1 克、60 日龄以上 1.5 克，加沸水浸泡 30～60 分钟，上清液饮水，药渣拌入饲料中喂服。每天上午用药，连用 3～5 天。

三、鸡中暑症

（一）病因病机

由于鸡没有汗腺，机体散热功能较差，一旦遇到炎热夏季雨过天晴暴晒之时，因地表气体蒸发湿度大，温度高，气压低，造成热积脏腑不得外泄，便会引起心、肺热内炽盛或痰热忧心。

病因如下：一是舍内笼养鸡，舍内鸡粪未能及时清理，遇高温，水汽蒸发而无排风设备或设备安装不合理，热气不能排出，积郁舍内，又加之氨气严重。二是散养鸡密度过大，体热不得散发。三是饮水不足或饮水经阳光直射温度高，鸡饮水后不但不能降温，反而，更增体热。四是炎热季节运输时停车时间过长，蒸热郁内。

（二）主症

热气入肺，肺被热蒸，气机上逆，必张口急促呼吸而散热，严重时可见张口不闭，咽下急剧颤动不止，两翅平伸不落。肺与大肠相系，肺失肃降，大肠传导糟粕无能，于是便汤泻热。热入腠理，气郁化火，炼液为痰，痰火内盛，必忧心神，鸡神志不明，有的甚至不避阳光呆立。心主汗，鸡汗不得排出，必行于血脉，郁血于内，行运不畅，于是肌肤生有瘀血，鸡冠、肉垂发绀。因血脉输布受阻，鸡因热脱水而亡。死后皮肤呈紫色，若当时放血，血不外流。

（三）紧急抢救方法

若遇鸡因中暑而昏迷，甚至瘫痪，但仍有呼吸之时，立刻用冷水加风油精施行淋浴。若有喷雾器，喷洒冷水最好，若无喷雾器，也可用喷壶。此方法立竿见影。笔者于2005年8月由京郊怀柔用汽车向海淀运送300只成年鸡，因堵车时间过长，加之路上太阳直射，导致鸡中暑，当时运输笼中已有个别鸡瘫痪，我们立刻找了一个村子，用自来水施行淋浴，结果未造成鸡死亡，但有18只鸡非常虚弱，后经治疗，3天后痊愈。

（四）预防方剂

【方剂源流】胡元亮《中兽医学》

【中草药方剂之八十六】解热汤

【组方与用法用量】绿豆 0.6 千克煮烂，加白糖 0.5～1.0 千克，为 100 只鸡的用量。

【中草药方剂之八十七】解热汤

【组方与用法用量】龙胆草、黄芩、青木香各 15 克，黄连、黄柏、栀子、茵陈、大黄各 10 克，枳壳 6 克，甘草 5 克（100 只 0.5 千克以上鸡的预防量，治疗则加倍）。将青木香浸泡 1 天和其他药共煮沸 10 分钟去渣，药汁泡大米喂鸡。隔 7～10 天服 1 剂。

【中草药方剂之八十八】清解合剂

【方剂源流】《中国兽药典》2020 年版

【组方】石膏 670 克，金银花 140 克，玄参 80 克，黄芩 80 克，生地黄 80 克，连翘 70 克，栀子 70 克，龙胆 60 克，甜地丁 60 克，板蓝根 60 克，知母 60 克，麦冬 60 克。

【功能主治】清热解毒。主治热毒症。

编者注：中草药方剂之三"解暑祛湿散"，是 1998 年笔者试制并行之有效的方剂，在 30℃以上温度条件时可用于预防鸡的中暑症，也可按日粮的 0.6％添加，用于治病。

四、鸡应激症

应激症是鸡受到刺激后神志反应的现象，或称产生的病症。

（一）病因病机

鸡的应激症，从内因看，是由心脾两虚和气血两亏所致；从外因看，是由突然或称不适当的各种刺激所造成。脾为气血生化之源，又有统血之职，若因饲养管理不当，供给营养不足或因脏腑患病，营养运化失司，伤及脾气，脾气虚弱生血缺源，统血无权，产生子病犯母，心血不足，心运化功能下降。由于心脾虚、气血虚产生心悸动，易惊、易动，应变能力差，致使病症出现。主要有以下 3 种病症。

1. 惊群 根据笔者养鸡 30 多年的观察，由于鸡体型小，抗敌能力差，故胆小易惊。鸡对异类动物，特别是犬、猫、狐狸，甚至是鼠，均易惊。鸡对未听过的响动，如汽车的轰鸣、突然的敲击、尖叫均易惊。鸡对红色、黄色物的飘动也易惊。

2. 环境应激 鸡对陌生的同类进入群体不适应，常以互相啄之来发泄愤怒、排挤。鸡对新改变的环境反应敏感。从一栋鸡舍转入另一栋鸡舍或由散养转变为笼养都会产生应激。尤其是在争抢食、水时争斗更凶。两群鸡并群应激反应强烈。

3. 饮食应激 鸡对饮水、饲料的突然更换反应敏感，饮食减少，雏鸡和育成鸡停止生长发育，产蛋鸡产蛋率下降。

（二）主症及防治

1. 惊群

（1）主症 一鸡"嘎哇"一声尖长叫声，群鸡齐响应，立刻全部伸高脖子，瞪大眼睛东张西望，群鸡惊叫飞奔。群鸡鸣叫背向敌人逃窜。此举非同小可，撞在墙壁、门窗及硬物上，有的头伤脑裂、翅膀抽动几下当场死亡，有的昏迷后苏醒后再逃亡，有的母鸡卵黄不入子宫而堕入腹腔，久而患卵黄性腹膜炎，肢翅骨折，翅奎跛行。笼养鸡更有甚者，惊逃一刻头挤出笼顶不得收缩，"上吊"而亡。笔者所见每次笼养鸡都死亡 0.5%～1%，散养鸡和放养鸡死亡虽少，但每次都会出现死伤。产蛋鸡要 5～7 天才能恢复。

（2）预防 选择场址时要避村、避路、避工厂。若鸡出现应激反应，气虚血亏，立刻于饲料中添加适量蛋氨酸、维生素 E 调理。避免针毛动物进入养鸡场，灭鼠。有意识地适当制造响动，让鸡熟悉声音，再遇不惊。

（3）治疗 可以补充维生素 E。治宜益火补土，健脾养心，补气补血。

【中草药方剂之八十九】归脾汤

【方剂源流】胡元亮《中兽医学》

【组方与用法用量】白术 60 克，党参 60 克，炙黄芪 60 克，龙眼肉 60 克，茯神 45 克，当归 60 克，远志 30 克，木香 30 克，炙甘草 15 克，生姜 20 克，大枣 20 克。水煎服或共为细末，开水冲泡半小时，候温饮服，药渣拌料饲喂，也可研末拌料，每只鸡每日3 克。

2. 并群养鸡 鸡并群后，尤其是正在产蛋的肉种鸡，产蛋率由次日便立刻下降，并且过一段时间产蛋率也不会显著上升。由于公鸡的争斗，种蛋受精率在 30% 以下。根据笔者的教训，散养、放养鸡应禁止并群饲养。笼养也要全进，但可分批出。

3. 饮食应激

（1）主症 水是鸡体的主要成分之一，雏鸡缺水将出现体液亏而脱水，呈现脚鳞纹理发白，粪便黏肛外，甚至有脱绒羽现象。青年鸡脱水则肉、冠白，放养鸡则追逐水源或润土之地。成年产蛋鸡如果一日缺水，则影响一周产蛋，刚刚免疫鸡次日缺水，将会出现双重应激，体弱者死亡严重。

饲料的更换应激不如脱水严重，但产蛋鸡非常敏感。饲料更换往往造成口感改变，进而影响食欲。饲养营养成分缺乏，尤其是蛋白质含量降低，则产蛋率下降，而且蛋重也减轻。

（2）防治 对于鸡群一定要保证清洁饮水的供应充足，夏季应凉水，冬季应无冰水。脱水雏鸡立刻饮用生理盐水。

饲料营养按日龄段和产蛋率标准提供。更换饲料时应原用料2/3，新料 1/3，喂 2～3 天；原用料 1/2，新料 1/2，喂 2～3 天；新料2/3，原料 1/3，喂 2～3 天；直至全部换为新料。

【中草药方剂之九十】

【方剂源流】胡元亮《中兽医学》

【组方与用法】茯神、远志、柏子仁、白芍各 10 克，珍珠母、牡蛎各 20 克，钩藤 15 克，朱砂 3 克。共研为细末，按 0.5%～1% 比例拌料饲喂，连用 3～5 天。

【中草药方剂之九十一】健鸡散

【方剂源流】《中药添加剂》

【组方与用法用量】党参 10 克，黄芪 20 克，茯苓 20 克，神曲 10 克，麦芽 20 克，山楂 10 克，槟榔（炒）5 克，甘草 5 克。以上 8 味，粉碎成粗粉，过筛，混匀。成鸡每天 3 克，雏鸡酌减量，连用 7 天。

【主治】应激后遗症。

五、鸡啄癖症

啄为鸡喙之功能。《黄帝内经·灵枢·水胀》说："癖而内著，恶气乃起"，可见啄癖是"恶习"。

鸡的啄癖症，有啄伤、啄肛、啄羽、啄蛋、啄趾等多种形式。

（一）病因病机与主症

任何事物事出必有因，因在事初，恶习形成在后，治初而避后是目的。据笔者观察，鸡的啄癖症比较复杂，分述如下。

1. 雏鸡环境湿度大致啄癖产生　病因：雏鸡刚出壳时主要依靠母体的营养与抗体维持生命活动，一般 5 天之内只要保证适宜的水与适当温度即可。鸡舍温度和湿度对鸡的呼吸影响较大，如温度高、湿度大，热湿郁肺入气囊，致血缺少清气（氧气），肺虚则扰心神，则会心神不安，乱动乱啄。笔者曾有 2 次经历，一次是 1992 年夏由美国进口一批迪卡褐祖代雏，在第 3 天阴雨天发生雏啄趾，究其原因，发现鸡舍相对湿度达 87%，立刻采取鸡舍通风措施，并用干锯末铺鸡舍地面，制止了啄癖。另一次是 2004 年春，一次用塑料布吊顶鸡舍育雏，因通风差，鸡舍相对湿度超过 85%，鸡出现啄趾现象。由此笔者认为，湿度超过 85%，时间超过 2 小时，易导致雏啄癖出现。

2. 啄伤啄肛

（1）病因与主症　啄伤啄肛实为啄红，即血。病因有二：一是动物种具有宗传优选之特性，无论是哺乳动物还是鸡，都灭弱存壮保持良种宗传。鸡啄伤啄肛致死现象很多。二是因血红且味咸，由五行归类所见，红色为火入心，咸味属水为肾。因鸡群密度大，空气混浊，鸡日粮中食盐添加量不足，缺少咸味物质等，导致心热内盛耗阴液，致心阴不足，肾阴亏之，形成心肾不交。由于鸡群心肾不交，故烦躁不安，笼养鸡在笼中"踏步走个不停"，散养鸡、放养鸡互相乱窜，这时群鸡只要见血则群起而啄。因母鸡产蛋后肛门发红，所以也被啄。笔者曾做过试验，将红纸撕碎扔进散养鸡群，也见群啄。红药水涂于鸡无毛处，鸡也啄。

（2）预防　针对发生啄伤啄肛的鸡群，立刻清扫粪便出舍，鸡舍通风，将弱鸡或受伤鸡隔离饲养，对笼中弱者另笼饲养。用酸性消毒液消毒，净化空气。饲料中添加 0.5％的食盐，或配制含 0.15％食盐和 0.5％白糖的饮水，让鸡自由饮用。

（3）治疗　治宜滋补肾精，清心安神。

【中草药方剂之九十二】疏肝安神散

【组方】柴胡 20％，石决明 15％，柏子仁 15％，黄芪 20％，当归 20％，甘草 10％。

【功能】解肝郁，补气血，安心神。

【用法用量】各味药分别粉碎，用时按比例混匀。日粮中按 0.5％比例添加。5 天为一个疗程。

3. 啄蛋癖

（1）病因与主症　若鸡饲料中蛋白质含量达不到相应鸡品种的饲养标准，产蛋期的鸡易出现啄蛋癖。另外，鸡患减蛋综合征和痛风后，肾阳虚，气血两亏，易啄蛋补，而后形成恶癖。

（2）预防　在饲料原配方基础上另添加 2％含蛋白质 50％以上的鱼粉，以补充蛋白质与钙、磷，直到恶癖消除为止。

【中草药方剂之九十三】

【方剂源流】胡元亮《中兽医学》

【组方与用法用量】党参、白术、当归、升麻、柴胡、枳壳、穿心莲各 10 克，黄芪 15 克，陈皮、甘草各 50 克。粉碎，混匀，按 4％比例添加，喂 7 天，之后改用按 2％比例添加，再喂 3 天，停 7 天再喂 3 天。

六、食物中毒症

凡有毒食物侵入鸡体后引起血凝、血瘀，脏腑功能失调，组织损伤，不能正常代谢，均成中毒症。鸡食物中毒包括食盐中毒、霉变饲料黄曲霉毒素中毒、饲料棉酚中毒、化学药物气体中毒。

【中草药方剂之九十四】解毒汤

【组方】甘草 30%，生绿豆 30%，绿茶 20%，葛根 20%。

【功能】清热解毒。

【用法用量】4 味药分别粉碎，按组方比例混拌均匀。每百只成年鸡每日 500 克，放入沸水中浸泡 30 分钟，待水温后让鸡全日饮水，药渣拌料食用。病危鸡可用粗注射器灌服。

中草药方剂